火电厂湿法烟气脱硫系统检修与维护培训教材

设备治理与故障处理
典型案例

国能龙源环保有限公司　编

中国电力出版社
CHINA ELECTRIC POWER PRESS

内 容 提 要

本书根据国能龙源环保有限公司特许运维板块 30 余家石灰石－石膏湿法烟气脱硫系统运维项目的运维经验，结合石灰石－石膏湿法脱硫相关理论，对行业中典型的设备治理以及故障处理相关案例进行了整理，并对这些案例进行了详细的分析和总结。

全书共分为九章，分别介绍了烟气系统、吸收塔系统、浆液循环系统、氧化空气系统、石膏脱水系统、吸收剂制备系统、废水处理系统、脱硫电气系统、脱硫热控系统九个脱硫主要子系统中较为典型的治理改造和故障处理案例，设备治理部分主要包括生产一线人员针对设备进行的技术改造、技术创新、技术发明等，介绍了案例背景、改造方案以及改造效果；故障处理部分主要是针对行业中典型的故障，介绍了事件经过、原因分析以及防范措施。

本书可作为从事火力发电机组脱硫装置设计、安装、调试、运行、检修及管理工作的工程技术人员的培训及参考用书，也可供相关专业人员及高等院校相关专业师生参考，尤其对火力发电厂脱硫环保岛的运行优化及故障预防具有指导意义。

图书在版编目（CIP）数据

设备治理与故障处理典型案例 / 国能龙源环保有限公司编 . —北京：中国电力出版社，2022.8

火电厂湿法烟气脱硫系统检修与维护培训教材

ISBN 978-7-5198-6868-0

I.①设… Ⅱ.①国… Ⅲ.①火电厂－湿法脱硫－烟气脱硫－机电设备－故障修复－技术培训－教材 Ⅳ.① X773.013

中国版本图书馆 CIP 数据核字（2022）第 110855 号

出版发行：中国电力出版社
地　　址：北京市东城区北京站西街 19 号（邮政编码 100005）
网　　址：http://www.cepp.sgcc.com.cn
责任编辑：赵鸣志　马雪倩
责任校对：黄　蓓　王小鹏
装帧设计：赵丽媛
责任印制：吴　迪

印　　刷：三河市万龙印装有限公司
版　　次：2022 年 8 月第一版
印　　次：2022 年 8 月北京第一次印刷
开　　本：787 毫米 ×1092 毫米　16 开本
印　　张：13.5
字　　数：283 千字
印　　数：0001—2000 册
定　　价：60.00 元

《火电厂湿法烟气脱硫系统检修与维护培训教材》
设备治理与故障处理典型案例分册
编写人员名单

杨艳春　　苏殿熙　　郭锦涛　　郭子路

张启玖　　马国强　　刘永岩　　李　伟

王小平　　徐文成　　李　涛　　洪启钗

曹洪兴　　张　琰　　边国芳　　邱梦溪

序

　　自"十一五"起，我国将加强工业污染防治纳入规划，控制燃煤电厂二氧化硫排放成为环保工作重点之一。经过多年努力，电力环保产业快速健康发展，特别是火电烟气治理取得了长足的进步，助力我国建成全球最大清洁煤电供应体系，为打赢"蓝天保卫战"、推动生态文明建设做出了积极贡献。这其中，脱硫系统等环保设施的高效运行，无疑起到了关键作用。

　　随着"双碳"目标的提出和能耗"双控"等产业政策的持续推进，"十四五"时期，我国存量煤电机组将从主力电源向调节型电源转型，火电环保设施运维管理必须以持续高质量发展为目标，进一步提高设备可靠性、降低能耗指标、降低污染物排放，保障机组稳定运行和灵活调峰。因此，精细化、标准化和规范化管理，成为提升火电环保设施运维水平的重要着力点。但在实际生产过程中，一些火电企业辅控系统生产管理相对粗放，检修人员技术技能水平偏低，导致重复缺陷、设备损坏、非计划停运、超标排放等现象时有发生，对煤电机组全时段稳定运行和达标排放造成了严重影响，是制约煤电行业高质量转型发展的隐患之一。

　　国能龙源环保有限公司是国家能源集团科技环保产业的骨干企业，是我国第一家电力环保企业。公司成立近30年以来，始终跻身污染防治主战场和最前线，率先引进了石灰石－石膏湿法脱硫全套技术，率先开展了燃煤电站环保岛特许经营，在石灰石－石膏湿法脱硫设计、建设、运营维护方面开展了大量探索实践，逐渐积累形成了关于脱硫设施检修、维护及过程管理的一整套行之有效的标准化管理经验。

　　眼前的这套丛书，正是对这些经验的系统梳理和完整呈现。丛书由五个分册构成，分别从检修标准化过程管理和效果评价、脱硫机械设备维护检修、脱硫热控设备维护检修、脱硫电气设备维护检修与试验、脱硫生产现场常见问题及解决案例五个方面，对石灰石－石膏湿法脱硫系统的检修管理维护做了深入浅出的讲解与案例分享。丛书是龙源环保团队长期深耕环保设施运维领域的厚积薄发，也是基层技术管理人员从实践中得出的真知灼见。

这套丛书的出版，不仅对推动环保设备检修作业标准化，促进检修人员技能水平快速提升有重要的借鉴意义，对于钢铁、水泥、石化等非电行业石灰石－石膏湿法脱硫技术应用水平的提升，也有一定的参考价值。

2022 年 1 月

前　言

烟气脱硫系统是燃煤电厂主要的环保设施之一，在环保政策日趋严格的背景下，我国燃煤电厂经历了大规模环保设施改造，包括脱硫、脱硝、除尘改造等。目前我国新建和在运的燃煤机组全部配套建设了脱硫系统或进行了脱硫技术改造。在脱硫技术发展过程中，主要出现了石灰石－石膏湿法烟气脱硫、烟气循环流化床法脱硫、氨法脱硫等多种脱硫工艺技术。石灰石－石膏湿法烟气脱硫技术以其脱硫效率高、适应煤种范围广、脱硫剂（石灰石）易得且价格便宜、脱硫副产品（脱硫石膏）易于综合利用等优势，成为一条主流技术路线，在全国煤电机组应用比例超过90%，在我国煤电设备大型化、高效率、低排放的发展趋势下，为煤电的绿色发展做出了杰出贡献。

2015年底，原国家环境保护部、国家发展和改革委员会、国家能源局联合印发了《全面实施燃煤电厂超低排放和节能改造工作方案》，标志着燃煤电厂超低排放改造全面实施，同时也推动了石灰石－石膏湿法烟气脱硫的技术升级，基于常规石灰石－石膏湿法烟气脱硫工艺衍生发展出单塔双循环、双塔双循环脱硫、单塔双区脱硫、旋汇耦合脱硫等创新性技术，实现燃煤电厂超低排放。由于取消脱硫烟气旁路以及环保指标监管力度加大等原因，电厂对脱硫系统的运行可靠性要求提高，脱硫系统的重要性已经提升到了与锅炉、汽轮机、发电机等主机设备同等重要的地位，被称为燃煤电厂第四大主机。这要求脱硫系统的运维水平必须达到相应高度，同时加强脱硫设备的治理力度，特别是提高设备的检修、维护质量。

随着"双碳"政策的推行，在国家清洁能源消纳和环保的要求下，燃煤电厂在深度调峰、灵活运行等方面积极寻求转型，低负荷、变负荷成为常态，与此同时，煤种也频繁发生变化，导致进入脱硫系统的烟气污染物浓度变化幅度大，容易造成吸收塔内浆液污染、塔内脱硫反应状况恶化、浆液起泡溢流、脱硫效率下降、污染物排放超标等问题，影响脱硫系统运行的安全稳定及环保性能，也增加了脱硫废水的处理难度。同时，脱硫设备的全面升级导致脱硫系统运行能耗大幅度升高，脱硫系统运行成本大幅度提高。因此，脱硫系统在废水处理、节能降耗、系统优化等方面有迫切的需求。

国能龙源环保有限公司（以下简称"龙源环保"）成立于1993年，是最早专业从事电力环境污染治理的企业，拥有庞大的脱硫脱硝第三方治理产业集群，其规模始终保持全国前列。龙源环保自主开发了双循环脱硫技术、低成本废水零排放技术、基于大数据挖掘的智慧环保岛运维技术等行业领先技术，以顶尖的科研能力引领行业发展。同时，龙源环保在环保设施运维方面，积累了大量的实践和管理经验。为加强对脱硫设备的治理，提高脱硫运维质量，龙源环保创新管控模式，创立了基于生产报警系统的远程集中管控机制，利用实时报警监控系统，实现对各个项目公司的设备运行及指标参数的全面监控。同时成立了专业分析团队，每天对项目公司发生的报警进行分析，提出解决方案，跟踪整改闭环，集中专业力量来解决生产中各项难题。经过多年的实践，各项目公司的生产设备治理水平有了大幅提高，报警率大幅降低，设备可靠性大幅提升。在解决生产问题的过程中，龙源环保积累了大量设备治理和故障处理的案例，本书整理出其中较为典型、值得推广的案例进行呈现，整体分为设备治理和故障处理两部分。设备治理部分主要包括各项目公司针对设备进行的技术改造、技术创新、技术发明等，现场生产人员采用了优化系统设计、更新设备材质、革新技术手段等措施，提高了设备性能和可靠性，达到了节能提效的效果，值得借鉴和推广。故障处理部分主要是针对生产过程中遇到的较为典型的故障，从故障概况、原因分析、处理措施、处理效果等角度进行深入分析，供生产人员学习，避免同类事件发生。由于编者水平有限，书中难免有疏误之处，恳请各位读者批评指正。

编　者

2022 年 6 月

目 录

第一章 烟 气 系 统

脱硫烟气系统是锅炉烟风系统的延伸，主要由原烟道、净烟道、增压风机及其附属设备、事故喷淋装置、烟道及膨胀节等辅助系统组成。脱硫烟气系统经过长期运行以及环保改造实践，出于节能降耗、提高系统稳定等方面的考虑，多数脱硫系统的增压风机、烟气换热器及其附属设备被取消，烟气系统简化为原烟气烟道、净烟气烟道、烟道膨胀节等构筑物以及脱硫塔入口事故喷淋装置。传统脱硫烟气系统流程如图 1-1 所示。

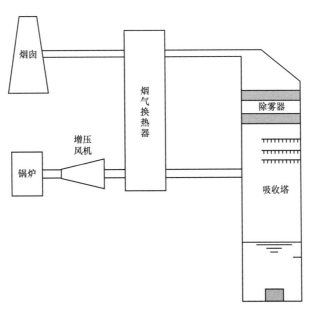

图 1-1　传统脱硫烟气系统流程（有增压风机和 GGH）

湿法脱硫烟气系统工艺环境复杂，工作介质涉及气、液、固三相以及混合介质，受低温、粉尘和锅炉投油等影响，烟气酸性强、浆液含固率高，烟道、膨胀节等设备面临磨损、腐蚀和堵塞等高发问题，检修与维护工作量大。本章主要介绍原烟道、净烟道、事故喷淋装置、烟道膨胀节等设备在复杂工况下的治理改造案例和故障处理案例。

第一节　治 理 改 造 案 例

吸收塔系统是脱硫烟气系统的重要组成部分，由于其结构复杂、工作条件恶劣，因此极易发生故障和损坏。吸收塔入口处的烟道一般采用碳钢材并用玻璃鳞片进行防腐，以增强烟道的耐腐蚀性和耐冲刷性。吸收塔入口处的烟气温度较高，由于受上部喷淋浆液频繁的冲刷，烟道和塔壁接合处的介质为气液混合状态，高温烟气与低温的浆液接触，会形成干湿混合界面，冷热交汇导致烟道内的防腐材料的许用应力急剧降低，在温差变化、机械振动、烟气流速高等外因的共同作用下，容易导致脱硫吸收塔入口烟道内的防腐鳞片起鼓、脱落。吸收塔入口烟道一般设有事故喷淋系统，需要定期进行喷淋试验，频繁的温差变化，也进一步加剧了烟道内防腐层的损坏；同时，事故喷淋装置因长期处于备用状态，经常发生堵塞和腐蚀泄漏现象，从而影响脱硫系统的正常运行。

案例一　吸收塔入口烟道底板治理改造

（一）项目概况

某电厂 2×1000 MW 机组，脱硫系统使用石灰石－石膏湿法烟气脱硫工艺，2015 年 12 月投产，2018 年 10 月完成超低排放改造，脱硫系统改为单塔双循环工艺，加长了吸收塔入口烟道；改造后烟道尺寸为长 16 m、宽 12 m、高 4.5 m，与改造前的烟道相比，长度增加 5 m。烟道采用碳钢（Q235）板焊接组合而成，内壁采用耐高温玻璃鳞片（底涂 +2 mm 耐高温玻璃鳞片 + 高温面涂）进行防腐施工。投产以来，烟道多次出现底板泄漏问题，烟道内壁玻璃鳞片表面大面积碳化，局部出现鼓包、脱落现象。

经研究分析，产生上述问题的主要原因与当时改造工期紧、现场防腐施工条件差、防腐施工质量控制不到位有直接的关系。为了彻底解决吸收塔入口烟道泄漏问题，2020 年 9 月机组停运检修期间，生产人员对吸收塔入口烟道底板防腐工艺进行了改进，将烟道鳞片防腐改为 2205 材质的合金钢板进行衬贴，贴衬范围从入口烟道膨胀节到吸收塔塔壁，面积约为 89 m²，改造费用约为 20 万元。

（二）改造方案

为根治烟道玻璃鳞片出现的大面积鼓包、开裂和脱落问题，以及烟道底板出现的腐蚀穿孔问题，经研究分析，检修人员决定采用 2205 材质的合金钢板对烟道底板进行衬贴。贴衬材料选用 3 mm 厚的 2205 材质的合金钢板，贴衬部位位于入口烟道 1 段的底部，贴衬范围为吸收塔塔壁至入口烟道膨胀节蒙皮区域。合金钢板需现场放样、切割，共切割为 6 块，从吸收塔人孔门进入塔内，使用悬吊方式吊装至烟道。焊接方式采用钨极氩弧焊接（gas tungsten arc welding，GTAW）。氩弧焊焊接参数参考值如下：电流控制在 80～100 A、焊接速度控制在 80～110 mm/min、层间温度小于或等于 90 ℃；氩弧焊用 φ2 焊丝，氩气纯度 99.99%，在氩气使用前进行纯度试验。氩弧焊接收弧时，收弧应收到坡口内侧，氩气保护应保持至收弧处熔池凝结；每根焊条及每道焊缝焊接完成后，打磨收头，防止产生焊接热裂纹及缩孔；严格控制层间温度不超标，每根焊条及每道焊缝焊接结束后，用测温仪测温，层间温度控制在 90 ℃以下。

在改造工作中，首先清理烟道底板积垢和积灰，将原烟道 1 段底板（碳钢材质）的玻璃鳞片进行剔除，其次使用角磨机将剩余鳞片清理干净，最后根据吸收塔 0 m 人孔门的宽度，进行现场放样；制作 6 块 2205 材质的合金钢板，将 6 块合金钢板从吸收塔内部吊装至入口烟道 1 段。将预先放样的钢板，在 1 段进行拼接，使用氩弧焊机对每块钢板进行打底焊接，使用 E2209 焊条进行盖面焊接；待所有焊接完毕后拆除全部起吊装置，对焊缝进行打磨，并对现场安装焊缝做渗漏试验。吸收塔入口烟道衬板施工区域如图 1-2 所示。

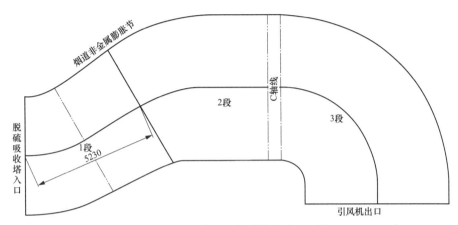

图 1-2 吸收塔入口烟道衬板施工区域

（三）改造效果

通过使用 2205 材质的合金钢板对 5 号脱硫系统的烟道底板进行贴衬后，烟道未出现穿孔、渗漏等现象，故障率明显降低。改造完成 1 年后，利用等级检修对衬板质量进行检查，表面积垢减少，无开裂现象，衬板对烟道原底板的保护一直有效。此改造方案进行推广后，其他项目中有低温凝结水、烟气含水率高、含硫量高以及灰分较高现象的脱硫烟气系统也进行了类似的优化改造，效果良好。

案例二 吸收塔入口烟道事故喷淋系统管道泄漏治理改造

（一）项目概况

某电厂 2×600 MW 机组脱硫系统，2017 年 11 月完成超低排放改造，设计入口硫分为 2800 mg/m³，为保证脱硫吸收塔内部设备不因原烟气温度过高而损坏，项目在吸收塔入口烟道处新增事故喷淋系统。当烟气温度到达预设报警值时，事故喷淋系统自动投入运行，对高温烟气喷淋降温，保护吸收塔内设备不被损坏。事故喷淋系统主要包括高位布置的事故喷淋水箱、喷淋水主管、喷淋水烟道外部支管、喷淋水烟道内部支管以及喷淋喷嘴等。事故喷淋水一般有工艺水和消防水两路供水，保证用水可靠。喷淋水外部支管材质为 Q235（碳钢），喷淋水内部支管材质为 316 L，喷淋喷嘴内径约为 20 mm。

由于事故喷淋装置长期处于备用状态，且事故喷淋系统的喷淋喷嘴与烟道流向平行布置，当机组运行时，原烟气会通过喷嘴反向进入事故喷淋支管和母管。未经脱硫的高温原烟气遇水冷凝，形成腐蚀性极强的液体，在高温环境下加速对管道的氧化腐蚀。同时，原烟气中的灰尘颗粒会进入支管，灰尘堆积在喷嘴内孔上，造成喷嘴堵塞。

因材质选择不当，烟道外部喷淋支管频繁性地发生腐蚀穿孔，造成大量烟气泄漏，并且在定期喷淋试验期间造成喷淋水泄漏。机务检修人员在检修期间对内部喷嘴进行检查，发现堵塞情况严重，结垢硬度大，增加了检修工作的难度；后期通过提高管道壁厚，提升管道材质，均效果不佳。

（二）改造方案

为根治带水烟气对事故喷淋支管、喷嘴造成的腐蚀和堵塞，经专业人员研究，决定采用脱硫系统氧化风机或者压缩空气对事故喷淋管道进行不间断吹扫，使喷淋管道内长期充满无腐蚀性的空气，形成保护层，既防止管路堵塞，也可减少管路腐蚀。由于压缩空气管道距离原烟道顶部较远，为节省改造成本，选择使用氧化空气进行管道充压和吹扫。通过前期研究，氧化风机设计出口压力为 221 kPa，设计流量为 50000 m^3/h，实际运行压力为 180 kPa，流量为 30000 m^3/h。事故喷淋水管道所需的吹扫压力为 2 kPa、流量为 100 m^3/h，氧化风机的出力完全满足吹扫需求，且对风机运行基本没有影响。改造过程中在氧化风管和事故喷淋水主管的连接管道上安装隔离阀和压力表，以便对流量和压力进行控制。此方案总的改造费用约为 3 万元。

首先在事故喷淋系统喷淋阀后管路的母管上开孔引出支管，在脱硫氧化风机出口的氧化风管临近事故喷淋母管处开孔引出支管，然后将事故喷淋母管与氧化风管上的两支管连通，两端分别加装截止阀，并在联通管道上加装压力表，便于调整空气流量与压力；将两端截止阀打开，调整氧化空气流量，利用氧化空气对事故喷淋管路进行长期吹扫，使喷淋管路与喷嘴内部长期充满氧化空气，对管路与喷嘴形成气体保护；进行现场调试，通过调整氧化空气的吹扫压力及流量，在机组运行期间无需停止空气吹扫即可完成喷淋试验，达到相同的喷淋效果。事故喷淋加装吹扫管道改造示意图如图1-3所示。

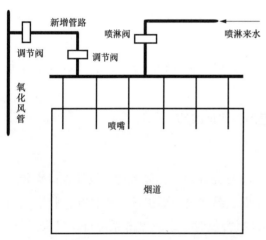

图 1-3 事故喷淋水加装吹扫管道改造示意图

（三）改造效果

本次改造利用氧化空气对事故喷淋管路吹扫，在管路及喷嘴内壁形成气体保护，减缓了管路腐蚀，杜绝了灰尘堆积堵塞喷嘴。经过两年的运行，改造效果明显，定期喷淋试验时无管道漏水现象。本次改造提高了设备可靠性，减少了检修维护工作量。经过推广，其他项目中布置了事故喷淋系统的脱硫装置也按照此方案进行了优化改造，效果良好。

第二节　故 障 处 理 案 例

一、非金属膨胀节

烟道非金属膨胀节通过吸收热位移来消除烟道系统中的应力，也具有隔振、减振以及吸收烟道安装误差的作用。市面上烟道非金属膨胀节的质量参差不齐，质量较差的产品运行中存在蒙皮破裂、寿命较短等问题，有些在使用 1 年左右就会出现烟气泄漏现象。烟道膨胀节蒙皮泄漏的后果非常严重，漏出的烟气对脱硫区域造成污染，且容易对烟道其他部分造成腐蚀、损坏，甚至有可能导致机组被迫停运。烟气泄漏处理难度较大，一般需要停机处理。

案例一　烟道膨胀节蒙皮腐蚀泄漏

（一）故障概况

某电厂二期 2×600 MW 超临界空冷燃煤机组，脱硫系统采用石灰石‑石膏湿法脱硫工艺，采用一炉一塔配置。吸收塔入口烟道宽 13 m，高 7 m，在间隔 300 mm 的两段烟道之间设置一个非金属膨胀节，其轴向位移 50 mm，径向位移 50 mm。

膨胀节厂家根据设计院技术规范书要求，参照《烟风煤粉管道零部件典型设计手册》及 JB/T 12235—2015《非金属补偿器》，采用 Q235 钢板经剪、折、制孔、焊接等工序制作框架，中间填充保温棉，保温棉厚度 150 mm，蒙皮通过螺栓安装在框架上，框架两侧与烟道进行插入式焊接。蒙皮结构剖面图如图 1-4 所示。

该机组于 2017 年 5 月投产，同年 9 月出现膨胀节底部蒙皮破损、漏烟严重的现象。漏烟造成系统压力过低，机组升负荷受限，烟气排放严重超标，被迫停机抢修。

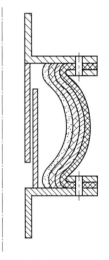

图 1-4　蒙皮结构剖面图

（二）原因分析

原膨胀节蒙皮选用多种材料，用缝纫机缝合的方法将多种材料缝合在一块。蒙皮用金属压条、螺栓与膨胀节框架连接在一起。蒙皮内部材料起增加强度及隔热的作用，不耐腐蚀。与腐蚀性液体接触的蒙皮材料正面具有防腐性，背面材料是基层材料，不耐腐蚀。机组运行过程中，烟气中的腐蚀性液体透过缝纫线、螺栓孔、蒙皮接头进入到蒙皮内部，将不耐腐蚀的材料腐蚀掉，烟气随之也窜入到蒙皮内部，使耐腐蚀的表层材料起泡、脱落，加速蒙皮的老化与腐蚀。

原膨胀节框架选用 U 形结构,膨胀节底部低于烟道平面,运行期间框架内部容易积水,使保温棉产生溶胀现象。蒙皮不仅承受烟气内压还要额外承受腐蚀性液体的载荷,长期处于高应力状态,在腐蚀性液体作用下,蒙皮快速失效、破损。

(三)处理措施及效果

为避免膨胀节蒙皮再次发生泄漏,公司对膨胀节进行换型改造。新选用的膨胀节蒙皮以优质膨体无碱玻纤布为基层,耐腐蚀橡胶为密封层,经压延、涂覆、高温硫化等工艺制得。各层材料采用热压硫化工艺成为一体式结构,无接头、缝纫线,杜绝了腐蚀性液体向蒙皮内部的渗漏。

各种材料成为一体后,蒙皮的综合使用性能比以前有了大幅度提高,使用寿命可达 8 年以上,改进后蒙皮检测数据见表 1-1。一体成型蒙皮是一种新兴的产品,具有优良的耐腐蚀性、耐磨性,抗拉强度高,使用寿命长,必将逐步取代常规蒙皮。

表 1-1　　　　　　　　　　　　改进后蒙皮检测数据

序号	检测项目		标准要求	检验结果	单项结论
1	硬度(HA)		80 ± 5	76	符合
2	拉伸强度(MPa)		$10 \sim 15$	10.8	符合
3	扯断永久变形(%)		$\geqslant 275$	359	符合
4	热空气老化(%)(260℃,70 h)	拉伸强度变化	$\leqslant -40$	-28	符合
		伸长率变化	$\leqslant -30$	-21	符合
		硬度变化	± 10	8	符合
5	密度(g/cm^3)		1.87 ± 0.03	1.88	符合
6	撕裂强度(kN/m)			$12 \sim 40$	符合
7	液体溶胀(23℃,70 h)	甲醇(%)	$\leqslant 40$	30	符合
		甲苯(%)	$\leqslant 30$	21	符合

案例二　非金属膨胀节框架、蒙皮腐蚀渗漏

(一)故障概况

某电厂 2×600 MW 机组 2019 年投产,脱硫系统原烟气和净烟气烟道采用非金属膨胀节。非金属膨胀节在使用一年后,蒙皮外表面出现毛细渗水、缝线及针眼渗漏和法兰压板处漏水等现象,部分烟气和腐蚀性液体从蒙皮漏出,造成烟道下方设备腐蚀和环境污染。

(二)原因分析

1. 膨胀节框架腐蚀渗漏

烟道非金属膨胀节在机组运行时(尤其是在冬天),烟气进入导流板形成冷凝水,对材

质为 Q235 普通碳钢 + 玻璃鳞片的膨胀节框架造成浸泡腐蚀，最终导致泄漏。

2. 膨胀节蒙皮渗漏

非金属膨胀节蒙皮一般由氟橡胶布、聚四氟乙烯、玻璃纤维布、耐腐蚀复合材料制作而成，为防腐特殊材料，可直接接触烟气。蒙皮一般直接与法兰连接，用螺栓、螺母和垫圈把蒙皮紧固在烟道框架上，不允许使用双头螺栓；中间不设隔热层，为防止下部缝隙漏水，除设置合理的连接螺栓孔距外，必须用金属压板压紧缝隙。非金属补偿器结构如图 1-5 所示。

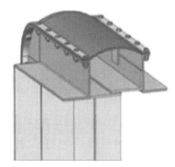

图 1-5　非金属补偿器的结构图

由于玻璃纤维存在毛细渗水问题，加之缝制蒙皮的缝线及针眼存在渗漏现象，且缝制后存在安装密封面平整度不足、压板压接不密实等问题，即使使用柔性垫皮并且涂抹结构胶，也难以改善现状。因此，多数蒙皮用在含水烟道上容易出现或多或少的渗漏，对周边环境造成污染，运行中消除漏点也比较困难。

（三）处理措施

1. 非金属膨胀节加装不锈钢护板

对净烟道膨胀节框架漏点进行补焊，加工制作 350 mm × 10 mm × 2 mm 的弓形 316 L 不锈钢护板，将其焊接在非金属膨胀节框架内部，既可以起到膨胀节的膨胀作用，还可以消除烟气、水汽和冷凝水对净烟道膨胀节框架的腐蚀。加装不锈钢板效果如图 1-6 所示。

2. 蒙皮内衬橡胶防护层

拆下旧蒙皮，在其内侧衬一层厚度约 1.5 mm 的三元乙丙橡胶防护层（使用胶水黏接在蒙皮内侧），并依据原有蒙皮的安装孔对应冲出三元乙丙橡胶的螺栓孔，保证孔位置的准确度，重新回装蒙皮。

图 1-6　加装不锈钢板效果图

三元乙丙橡胶层形成了重要的首层防水层，且不受原有缝制结构影响，密封面直接与安装法兰接触。三元乙丙橡胶层有弹性，拧紧螺栓后，利用原有蒙皮作为压板的垫皮与法兰压接为一体，实现三元乙丙橡胶与法兰面的密封配合，保证了密封性能，避免了纤维的毛细吸水渗漏问题。三元乙丙橡胶耐酸碱性强，可长期耐温 120 ℃，拉伸性能良好，基本能满足大多数蒙皮的使用环境要求。原有蒙皮具有外防护作用，因此不影响蒙皮整体使用强度，安装也相对方便。

需要注意的是，三元乙丙橡胶搭接边应按烟气顺流方向安装并涂胶，搭接长度以 1 m 为宜，防止水汽受烟道内压力作用从搭接边渗出；冲孔应使用专用工具，孔径与螺栓直径一致；安装中及后期其他维护工作中要避免划伤三元乙丙橡胶层。

（四）处理效果

原烟道膨胀节蒙皮经过改进后，未发现烟气和水有泄漏的现象，现场安全文明标准化水平明显提高。机组停运时，打开烟道人孔门对蒙皮防护层和框架的不锈钢防护层进行检查，发现 1.5 mm 的三元乙丙橡胶防护层完好、无破损，防护层和蒙皮的黏接密封面无脱胶、张口现象，不锈钢板焊口完好，无开裂和穿孔现象，严密性较好，治理效果显著，对同类机组具有借鉴意义。

二、增压风机

锅炉尾部烟道增加脱硫装置以后，烟道阻力增大。为克服脱硫装置的阻力，在引风机后设置增压风机，对原烟气进行增压，一台机组一般采用单台增压风机的设计方式。在烟气旁路取消后，脱硫系统成为锅炉烟气的唯一通道，必须与机组同步启停，增压风机运行的可靠性成为影响机组安全稳定运行的重要因素。随着后期脱硫系统的不断优化，多数脱硫系统的增压风机及其附属设备被取消。

案例一　增压风机动叶失调导致机组停机

（一）故障概况

某电厂 2×350 MW 超临界湿冷机组，脱硫系统采用石灰石－石膏湿法工艺，1 炉 1 塔配置，每套脱硫系统配置 1 台动叶型增压风机。1 号脱硫增压风机连续两次发生故障导致机组延误启动和被迫解列。

（1）2018 年 8 月 15 日，1 号增压风机启动后振动大。分布式控制系统（distributed control system，DCS）显示 1 号增压风机轴承水平振动为 14.31 mm/s，垂直振动为 5.49 mm/s，随即停运增压风机；技术人员到达现场后，启动 1 号增压风机进行检查，测量轴承温度正常，轴承轴向振动值为 15 mm/s 且有增大趋势；随风机转动的时间越来越长，轴向振动逐渐加大并伴有异音；停止增压风机运行，对其内部进行检查，发现 14 片叶片中有一片叶片漂移，漂移角度在 45° 左右；立即组织对 1 号增压风机进行抢修，至 8 月 27 日抢修工作结束，增压风机试转，各部振动、温升及动叶开关正常。

（2）2018 年 8 月 28 日，1 号机组启动，负荷到达 150 MW 时，发现脱硫增压风机动叶开度只能在 37%～52% 范围内活动，动叶无法继续调整；经过风机负荷调整试验，初步判断增压风机动叶故障，需停运风机进行处理，随即 1 号机组解列停机；风机停运后，更换液压缸，测试动叶活动，随后进行试转，风机各部振动、温升及动叶开关正常。

（二）原因分析

1. 1 号增压风机振动原因分析

（1）增压风机 C 级检修停运期间，由于烟气回流造成风机内部湿度较大；在潮湿的环境中，叶柄轴座发生锈蚀，部分叶片卡涩，在调整过程中出现角度不一致现象，导致叶片角度飘移；风机启动后由于其中一片叶片开度不一致，气流流过叶片后冲角发生改变，叶片的冲角超过压降时，气流离开叶片的凸面，发生过界层分离现象，产生大区域的涡流；此时风机全压下降，风机失速，气流紊乱，发出异音，风机振动加剧。

（2）检修人员没有按照相关规定进行风机动叶检查，传动试验过程中未发现风机动叶漂移现象。

2. 1 号增压风机动叶故障原因分析

（1）增压风机经过长时间运行后，液压缸密封件及活塞由于磨损导致配合间隙增大，造成液压缸内漏，不能保证液压油的油压和油量；调节叶片开度时，由于摩擦阻力增大，动叶发生停顿，调节角度受限。

（2）增压风机在静态时进行动叶调整，液压系统只需克服动叶自重及摩擦力；在动态过程（投入运行）调整动叶，液压系统需克服风机转子径向离心力及叶片转动风阻，由于液压缸内漏，油压达不到规定数值，导致在动态过程中，动叶调节角度受限。

（3）增压风机 C 级检修停运期间，由于烟气回流造成风机内部湿度较大，在空气潮湿的环境中叶柄轴座易发生锈蚀，部分叶片卡滞造成摩擦力增大，液压缸调节阻力增大，影响动叶开关调节。

（三）处理措施

（1）加强检修管理，按照检修要求和相关规定进行风机动叶等进行设备检查，做到早发现、早处理。

（2）检修过程中严格进行质量监督，做到"应修必修，修必修好"的原则。

（3）做好风机检修过后的传动试验工作，及时发现隐患并进行排除。

案例二　动叶调整机构跟踪性能差

（一）故障概况

某电厂三期 2×600 MW 机组烟气脱硫采用石灰石‐石膏湿法脱硫工艺，一炉一塔配置，每台机组设有一台增压风机。增压风机主要参数见表 1-2。

表 1-2　　　　　　　　　　　　增压风机主要参数

设备名称	参数规范		
增压风机	型号	ANN-4494/2120B	台数	1
	型式	动叶可调轴流式	叶轮直径（mm）	4494
	流量（m³/h）	4030000	轴功率（kW）	6239
	风压（Pa）	4950	转速（r/min）	747
油站	液压油泵流量（L/min）	15～18	润滑油泵流量（L/min）	33.2～37.2
	液压油泵压力（MPa）	12	润滑油泵压力（MPa）	1.5～2.0
	液压油泵电动机电压等级（V）	380	润滑油泵电动机电压等级（V）	380
	液压油泵电动机功率（kW）	6	润滑油泵电动机功率（kW）	5.5

该电厂三期于 2019 年投产，在脱硫系统调试期间，5、6 号机组增压风机曾发生异常情况。增压风机动叶自动调整迟缓，实际的动叶开度和系统风量的要求不匹配，导致增压风机入口压力异常，发生风机喘振现象；随后增压风机跳闸，锅炉负压大幅波动。

2021 年 8 月，5 号机组负荷 420 MW，增压风机动叶指令在 85%、动叶开度在 69.5% 位置长时间不动作；运行人员将动叶调节方式由自动切为手动，根据机组负荷，运行人员手动增加动叶指令至 94%，此时动叶突开至 90%，增压风机入口压力由 -230 Pa 突降至 -1000 Pa，达到联锁保护值后增压风机跳闸（增压风机入口负压超过 -1000 Pa 持续 15 s）；炉膛压力由 -57 Pa 突升至 383 Pa，两台引风机电流突升，5 号 A 引风机发生喘振现象，随后跳闸。

2021 年 10 月，6 号机组负荷 450 MW，增压风机动叶指令在 90%，动叶开度在 73% 不动作，出现调整迟缓现象，运行人员将动叶调节方式由自动切为手动；负荷增长至 545 MW，增压风机动叶开度未继续增大，增压风机入口压力由 -300 Pa 增至 1054 Pa，引发 6 号 B 引风机喘振；炉膛负压由 -20 Pa 突升至 1123 Pa，6 号 A 引风机电流异常增大，6 号 B 引风机电流下降，增压风机电流、入口负压、动叶开度均大幅波动。

（二）原因分析

导致 5 号增压风机跳闸的原因是动叶突然开大，造成增压风机入口负压超过保护值；而 6 号增压风机则是因为叶片开度与负荷不匹配，造成增压风机入口压力升高，导致引风机喘振。几次问题出现之前，增压风机动叶执行机构均发生了调整迟缓现象，对增压风机动叶进行检查，动叶执行机构扭矩在静态试验时设定在 30%（30 N·m），此设定值偏低，导致运行中动叶执行机构频繁出现操作不动现象，指令与反馈信号的差值多次达到 15% 以上；检查风机内部，发现静叶顶部与风机外壳之间的设计距离仅为 5 mm，由于安装误差以及风机运行时静叶窜动，在运行时静叶顶部与机壳的间隙过小，造成调节卡涩。

（三）处理措施

针对该电厂三期动叶可调式增压风机动叶执行器力矩设定值较小的情况，增大力矩设定值到 50%（50 N·m），增加操作过程中指令与反馈差别的保护，当指令与反馈的偏差大于 15% 时，操作员指令闭锁；增加增压风机入口压力测点并上传至 DCS，设置报警值为 500 Pa，同时设定动叶调整曲线由自动切为手动时发生颜色变化，便于运行人员监控。针对该发电厂增压风机静叶与机壳之间设计值偏低的问题，对静叶叶片进行了切割处理，增大了入口静叶顶部至机壳间隙（8 mm）。

（四）处理效果

经过技术人员处理后，该电厂脱硫增压风机存在的问题得以解决，增压风机运行平稳，未再发生非计划停运，引风机也未再发生喘振现象。

第二章 吸收塔系统

石灰石－石膏湿法脱硫工艺吸收塔是脱硫反应、氧化结晶的场所，是脱硫系统的核心设备，其内部主要分为除雾区、吸收区、氧化结晶区。在火电厂烟气排放标准趋严的情况下，随着石灰石－石膏湿法脱硫技术的发展，出现了双循环脱硫技术。双循环脱硫技术分为双塔双循环工艺和单塔双循环工艺，其中，单塔双循环工艺需要新建一个吸收塔副塔（absorber feed tank，AFT 塔），AFT 塔中的浆液在吸收塔中独立进行浆液循环，在单个吸收塔中实现两级 SO₂ 脱除。与传统单塔相比，单塔双循环系统增加了 AFT 塔、AFT 塔浆液循环泵、AFT 塔喷淋层、收集碗及导流锥、浆液溢流管以及相关的热工测量装置等设备。

本章主要对吸收塔系统运行过程中出现的异常情况进行介绍和分析，对除雾器堵塞、收集碗开裂、导流锥泄漏、吸收塔搅拌器机械密封损坏等典型故障案例进行讲解，并提出解决方案及处理措施，为减少脱硫系统故障、预防同类事件发生提供参考。

第一节 治理改造案例

案例一 吸收塔泡沫溢流治理

（一）项目概况

某电厂 2×300 MW 燃煤机组，采用石灰石—石膏法湿法脱硫工艺。1 号机组于 2018 年 7 月进入调试阶段，脱硫系统出现了严重的浆液起泡现象，吸收塔浆液泡沫从溢流管排气口溢流到塔外地沟内；运行人员及时调整吸收塔运行液位，在 1 号吸收塔添加消泡剂，仍然不能解决泡沫溢流的问题。专业技术人员为此研究解决方案，在溢流管排气口上加装工艺水喷淋装置，利用水流抑制塔内泡沫上浮溢流，泡沫随水流排至吸收塔内，解决了吸收塔起泡溢流问题。

（二）原因分析

（1）煤炭在锅炉中燃烧不充分，未燃尽成分随锅炉尾部烟气进入吸收塔，导致吸收塔浆液有机物含量增加，继而发生皂化反应，产生油膜；氧化风机向吸收塔底部的浆液池中鼓入高压空气的过程中，油膜受到高压冲击，引起浆液起泡。

（2）脱硫工艺水源中所含化学处理药剂以及有机物浓度较高，化学药剂和有机物起到了表面活性剂的作用，增加了脱硫浆液的表面张力，使吸收塔极易起泡且泡沫非常稳定。

（3）吸收塔入口烟气中的粉尘含量超标，导致大量惰性物质被带入吸收塔浆池，这些惰性物质造成浆液中的重金属含量超标，引起浆液起泡。

（4）吸收剂石灰石中含有氧化镁，而氧化镁在遇到亚硫酸根时会产生泡沫，一旦石灰石中氧化镁含量超标，将会产生大量泡沫；石灰石中也含有少量或者微量的重金属成分，这些重金属成分进入脱硫浆液中，导致浆液表面张力增加，形成泡沫层。

应对吸收塔起泡的主要措施：一是将吸收剂石灰石粉的成分控制在工艺要求范围内，以确保吸收塔补入的石灰石浆液品质合格；二是保持吸收塔液位长期稳定控制，定时添加消泡剂进行消泡。当吸收塔产生的泡沫未及时消除，就会造成吸收塔泡沫溢流；泡沫流动性差，在溢流管道内堆积，沿上部排空管道流淌而下，遇大风天气泡沫随风四处飘落，污染整个厂区环境，清理难度较大。为了解决吸收泡沫塔溢流问题，专业人员在溢流管排气口处加装了喷淋装置，解决了运行中吸收塔泡沫溢流问题。

（三）改造方案

本项目改造的整体思路是利用水流对吸收塔溢流管内的浆液泡沫进行抑制。①从附近的工艺水管道引入水源，在吸收塔溢流管排气口处设置喷淋装置，通过电磁阀对喷淋水进行通断控制。②在吸收塔内低于溢流口标高处装设电子浮球阀并设置动作信号，在吸收塔内溢流管排气口顶部标高处设置雷达液位计测点，当雷达液位计测量数值大于吸收塔液位计实际值时，且电子浮球阀未动作，判断吸收塔内有泡沫产生；雷达液位计与吸收塔液位计测量差值为吸收塔内泡沫高度，当泡沫达到一定高度时喷淋装置水源电磁阀自动打开，实现泡沫抑制功能。③雷达液位计测量数值等于吸收塔液位计测量值时，判断吸收塔内无泡沫产生，喷淋装置水源电磁阀自动关闭。④当浮球阀发出动作信号时，视为吸收塔实际液位上升至溢流口高度，同样喷淋装置水源电磁阀会连锁关闭。为了不影响脱硫系统运行水平衡，喷淋水压维持在 0.1～0.2 MPa，喷淋水流量不大于 3 t/h。喷淋装置系统如图 2-1 所示。

喷淋装置结构简单，安装方便。在喷淋管侧壁和末端安装扇形喷嘴，喷嘴在侧壁安装时喷射角度不大于 60°，末端垂直向下安装，喷嘴设置为伞状喷嘴。喷淋管进水端通过焊接支架将喷淋管固定在法兰中心位置，法兰安装在吸收塔溢流口管道顶端。由于浆液具有腐蚀性，为了提高设备的使用寿命，喷淋装置均采用 316 L 不锈钢材质制作。

（四）治理效果

2018 年 11 月，喷淋装置安装完成。此装置设计简单，治理效果明显，施工成本低，安装后彻底解决了吸收塔泡沫溢流问题，有效防止了环保污染。此方案在类似系统中得到了广泛推广，新建项目也在系统设计阶段进行了参考。

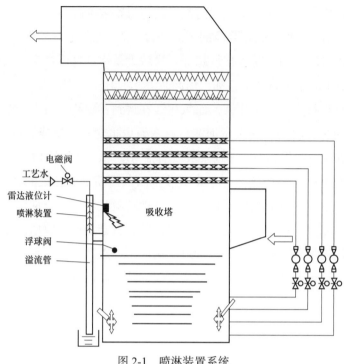

图 2-1　喷淋装置系统

案例二　吸收塔除雾器防堵治理改造

经过脱硫后的净烟气中含有大量的固体物质，在经过除雾器时多数被捕捉下来，黏结在除雾器表面上，如果得不到及时的冲洗，会迅速沉积下来，逐渐失去水分而成为石膏垢，造成除雾器堵塞。由于除雾器材料一般为 PP 材质（聚丙烯），强度较小，在黏结的石膏垢达到其承受极限时，就会造成除雾器坍塌事故。

（一）项目概况

2018 年，河北某热电厂 6 号机组脱硫二级吸收塔进行改造，将吸收塔塔体增高 4.9 m，吸收塔出口烟道由侧出改为顶出，除雾器更换为三级屋脊式除雾器，上级喷淋层中心线与底层除雾器间距提高为 3 m。完成改造后机组启动，对除雾器出口雾滴含量进行检测，在锅炉蒸发量 1000 t/h 的情况下，实际雾滴浓度为 22 mg/m^3（标准状态，干基，6% O_2），符合除雾器出口烟气中的雾滴浓度的设计值小于或等于 25 mg/m^3 的要求（标准状态，干基，6% O_2）；但 6 号机组脱硫二级吸收塔除雾器压差仍持续升高，除雾器有明显的堵塞现象。6 号机组二级塔除雾器压差历史曲线具体情况如图 2-2 所示。

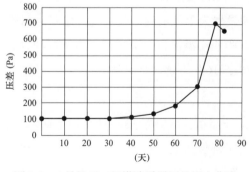

图 2-2　6 号机组二级塔除雾器压差历史曲线

（二）原因分析

技术人员通过分析、调查、研究、论证，得出以下两点导致 6 号机组二级吸收塔除雾器堵塞的主要原因：

（1）6 号机组二级塔入口 SO_2 浓度偏低，氧化风机一直处于开启状态，在吸收塔反应区生成的亚硫酸钙，在氧化区几乎可以完全被氧化为硫酸钙；由于二级吸收塔浆液密度较低，当硫酸钙浓度逐渐升高，达到过饱和时，发生均相结晶现象。

（2）由于 6 号机组二级吸收塔浆液没有石膏晶种，硫酸钙达到饱和时，会按照均相成核作用自己形成晶核。这种晶核较小，在溶液中不易形成晶体，导致石膏结晶不正常，当这种晶核附着在吸收塔内构件（如吸收塔壁、支撑梁、除雾器等）表面后，会逐步生成为坚硬垢。

综合所述，6 号机组二级吸收塔内硬垢形成的主要原因是二级塔内浆液密度过低，且二级塔入口 SO_2 浓度偏低，氧化风机始终处于运行状态，硫酸钙逐渐饱和，发生均相结晶现象；含有硫酸钙结晶的浆液随烟气到达除雾器等吸收塔内构件后，逐渐形成硬垢。经过专业技术人员的研究，决定利用一级吸收塔浆液提升二级吸收塔浆液密度。

（三）改造方案

（1）在停机前，按照厂家要求的除雾器顺控逻辑进行冲洗，同时对 6 号机组脱硫系统的运行方式进行调整。在满足净烟气 SO_2 排放的情况下，尽量不运行二级脱硫塔喷淋层，以减少浆液携带量；一级脱硫塔 4 层喷淋层全部运行后，再开启二级脱硫塔喷淋层，浆液循环泵组合方式优先级别依次为 2+0，3+0，4+0，4+1 和 4+2，最大限度降低 6 号机组二级塔的结垢程度。

（2）在停机后，首先对除雾器进行人工冲洗，再次投入运行时，按照厂家要求的除雾器顺控逻辑进行冲洗；其次，等级检修期间对 6 号机组一级塔和二级塔管道进行改造，将原有的 6 号石膏排出泵至渣浆池管路改至二级塔，实现一级塔和二级塔的互联互通；当二级塔入口 SO_2 浓度较低时，可以将一级塔内浆液输送至二级塔，适当降低二级塔浆液 pH，促进碳酸钙、亚硫酸钙的溶解，减少碳酸钙颗粒在除雾器表面的沉积。

（3）在一级吸收塔不投入石膏脱水系统的情况下，通过一级吸收塔石膏排出泵将一级吸收塔浆液排至二级吸收塔，通过二级吸收塔强制浆液循环泵将二级吸收塔浆液排至一级吸收塔，通过这种方式来提高二级吸收塔浆液密度维持在 $1020 \sim 1040 \text{ kg/m}^3$，保证二级塔石膏正常结晶，避免硫酸钙过度饱和，形成附着在除雾器上的硬垢。改造管道系统如图 2-3 所示。

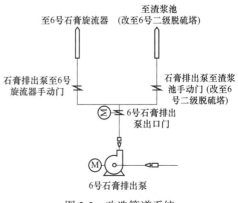

图 2-3　改造管道系统

（四）改造效果

2018 年 10 月 4 日，6 号机组一级塔和二级塔互联互通改造完成。机组启动后，对除雾器进行重点追踪观察，在锅炉蒸发量不超过 1000 t/h 的情况下，6 号机组二级吸收塔除雾器差压始终维持在 150 Pa 以内，满足规程中"除雾器差压在一个检修周期内（一年）不超过 300 Pa"的要求，改造效果明显。改造前后除雾器对比情况如图 2-4 所示。

(a)　　　　　　　　　　　(b)

图 2-4　改造前后除雾器堵塞情况对比

（a）改造前除雾器堵塞情况；（b）改造后除雾器堵塞情况

案例三　侧进式搅拌器永磁传动改造

吸收塔搅拌器的主要作用是对吸收塔内部的浆液进行搅拌，防止塔内的浆液凝固，并让氧化空气随叶轮搅拌方向扩散，加快对石膏浆液的氧化。搅拌器的轴封一般采用机械密封形式。由于吸收塔内浆液温度高、含固量大、腐蚀性强，吸收塔搅拌器机械密封运行工况复杂恶劣，在吸收塔搅拌器运行过程中，经常会出现密封泄漏、机封损坏等现象，一方面会污染周围环境，另一方面会造成搅拌器退出运行，降低了脱硫系统的可靠性。针对以上问题和产品现状，部分国产厂商应用磁传动技术，结合传统机械密封结构的优点，以磁力传动结构替代机械密封结构，研发出了无机封磁力传动搅拌器。磁力传动搅拌器的结构特点是无轴封、静密封，通过磁力传动内、外磁转子被隔离套完全隔离。

（一）项目概况

某电厂 1、2 号机组脱硫吸收塔采用一家美国品牌的侧进式搅拌器。该搅拌器采用德国品牌的机械密封。搅拌器工况参数为：电动机功率 37 kW；电动机转速 978 r/min；搅拌器转速 178 r/min；减速器减速比为 5.49；搅拌器轴径准 80 mm；桨叶直径准 1400 mm；传递方式为皮带轮传递；传动扭矩为 1985 N·m，弯矩为 755 N·m，轴向推力为 5000 N。1 号吸收塔 D 搅拌器在 2016 年运行过程中共发生 7 次机封泄漏故障，2017 年 2 月，公司决定在机组大修期间对 1 号吸收塔 D 搅拌器进行改造。改造前吸收塔搅拌器如图 2-5 所示。

（二）改造方案

为避免搅拌器机封泄漏的故障，公司决定采用新型无机封永磁传动搅拌器。永磁传动技术是运用永磁材料产生的磁力或感应力，来实现力或扭矩无接触传递的一种新技术。实现这一技术的装置称为永磁传动器，永磁传动器由内、外磁转子和隔离套三部分组成，内、外磁转子被隔离套完全隔离（即内、外磁转子不接触）。由于内、外磁转子间存在磁场，当驱动机带动外磁转子旋转时，外磁转子会通过磁力耦合作用于内磁转子，从而驱动与内磁转子连接的搅拌器桨叶轴进行同步旋转，实现了无接触传递扭矩的目的，与机械密封结构形式相比，无机封磁力传动搅拌器解决了轴封结构设备难以避免的泄漏和机封动静环磨损问题。磁力传动器结构如图 2-6 所示。

图 2-5　改造前吸收塔搅拌器

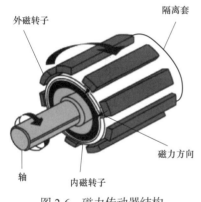

图 2-6　磁力传动器结构

永磁传动搅拌器主要由减速机、连接体、磁力传动器、轴承体、密封桶、滑动轴承、搅拌轴、桨叶等部件组成。桨叶、搅拌轴与内磁转子连为一体，通过轴承支撑组成工作件，为设备从动件；外磁转子与减速机连为一体组成动力件，为设备主动件；从动件和主动件被隔离套完全隔离。磁力传动器的结构特点是：无轴封，静密封，内、外磁转子被隔离套完全隔离，通过磁力软传动。新型无机封永磁传动搅拌器结构如图 2-7 所示。

根据搅拌器额定出力要求重新选配电动机、减速机，安装无机封永磁传动搅拌器。在改造前详细测量原搅拌器的基础安装位置和尺寸，根据测量结果设计加工搅拌器的支架、釜体法兰盖，以尽可能减小搅拌器改造工作量。电动机改造后的工况参数为：电动机功率 37 kW；电动机转速 1500 r/min；搅拌器转速 178 r/min；减速器减速比为 8.4；搅拌器轴径为准 80 mm；桨叶直径为准 1400 mm；传递方式是减速机直联式传递。搅拌器在转速为 178 r/min 的工况下运行，传动扭矩为 2170 N·m，弯矩为 755 N·m，轴向推力为 5000 N。

（三）改造效果

永磁传动结构替代了机械密封结构，实现无轴封、零泄漏的效果。电动机与负载由刚性连接转换为柔性连接，轴端密封由动态密封转换为静态密封，从根本上解决了传统机械

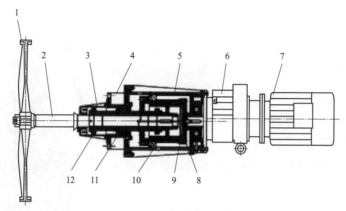

图 2-7　新型无机封永磁传动搅拌器结构图

1—叶轮；2—轴；3—密封桶；4—罐体反法兰；5—支架；6—减速机；7—电动机；
8—外磁转子；9—隔离套；10—内磁转子；11—轴承箱；12—轴承组件

密封搅拌器的跑、冒、滴、漏问题以及频繁更换的问题。搅拌轴采用大跨距支撑结构，以及滑动轴承支撑形式，大幅提升平衡桨叶的挠性运动。轴承采用专用特种合金组合滑动轴承，其强度大、摩擦系数小、导热性能良好等特点，保证搅拌器运行振动小、噪声低，有

图 2-8　永磁传动搅拌器

效平衡轴向推进力，运行平稳，安全可靠。永磁搅拌器由电动机、减速电动机和搅拌器直联构成，结构紧凑、简单，同时具有在线检修功能。当搅拌器需要检修时，可在脱硫吸收塔系统不停运状态下，实现搅拌器的零部件检修或更换（除塔内的桨叶及搅拌轴），无需专用工具即可轻松、便捷检修。内、外磁转子设计寿命为 30 年，隔离套设计寿命为 5 年，轴承寿命为 2 年，极大地延长搅拌器的检修周期。永磁传动搅拌器如图 2-8 所示。

第二节　故障处理案例

案例一　吸收塔壁板渗漏

吸收塔本体为钢制，包括预埋件、底部支承梁、底板、壁板、中间支撑和塔顶。由于塔体内部直接接触弱酸浆液，必须采取防腐措施，一般采用橡胶或玻璃鳞片进行内衬防腐处理。内衬施工对表面处理要求和质量控制非常严格，以获得良好的防腐效果；内衬防腐层比较容易损坏，吸收塔运行过程中常因防腐内衬损坏造成的塔壁渗漏。

（一）故障概况

甘肃某电厂 2×300 MW 机组于 2015 年底投入运行，配套建设两炉一塔石灰石－石膏湿法脱硫设施，2017 年 2 月进行了改造，新建 2 号脱硫吸收塔，将原来两炉一塔系统改造为单炉单塔系统，同时拆除烟气脱硫旁路烟道和挡板；吸收塔壳体采用碳钢材质，内衬玻璃鳞片防腐。2017 年 5 月投入生产运行，同年 7 月，1、2 号吸收塔在 41 m 处频繁出现塔壁漏浆情况，不仅影响系统安全稳定运行，而且污染吸收塔外护板及保温层，进行堵漏、清理还要增加脚手架搭设等运维成本。

（二）原因分析

检修人员在等级检修过程中对吸收塔内壁进行检查，发现新增第五层喷淋层（即最高一层）有 4 个喷嘴对应塔壁位置的防腐损坏，塔壁洞穿，呈月牙状，最长约 100 mm，宽 30 mm（塔壁漏浆情况如图 2-9 所示，塔壁临时泄漏临时封堵如图 2-10 所示、洞穿的月牙形状如图 2-11 所示）；该区域防腐层脱落损坏，暴露的钢板有不同程度的腐蚀，还有 5 个喷嘴对应的防腐层部位有月牙白印，防腐层未破坏。检修人员现场逐个核对了喷嘴与塔壁的实际距离，发现这些喷嘴与设计距离不符；设计图纸要求周边喷嘴离塔壁距离大于 450 mm，但是这些喷嘴离塔壁的距离小于 350 mm，部分喷嘴不足 300 mm（喷嘴距塔壁实际距离如图 2-12 所示）。根据设计，第五层喷淋层沿塔壁设置 28 个单向喷嘴，有 9 处未按照设计进行安装，选择了双向喷嘴；双向喷嘴角度为 120°，较单向喷嘴偏大，运行中对塔壁的冲刷强度增大，有两处破损就是发生在双向喷嘴处。还有两处不涉及冲刷部位的防腐层也出现了锈蚀情况，从腐蚀的位置以及有无冲刷痕迹判断，这两处腐蚀漏点因防腐施工质量导致。

（三）处理措施

（1）检修过程中对距离塔壁及支撑钢梁较近的喷嘴喷射角度进行调整，同时将喷嘴间

图 2-9　塔壁漏浆情况

图 2-10　塔壁临时泄漏临时封堵

图 2-11　洞穿的月牙形状

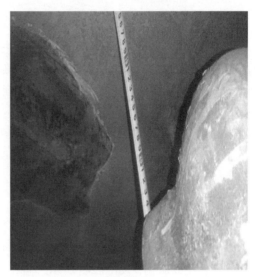

图 2-12　喷嘴距塔壁实际距离

距调整为 500 mm，并对磨损喷嘴进行更换，使各部位喷嘴与吸收塔塔壁及支撑钢梁保持安全距离，保证喷嘴喷射浆液避开支撑梁，有效的减少浆液在循环过程中对喷淋层壁板及支撑梁的冲刷；按照安装图纸设计要求，将错误安装的双向喷嘴更换为单向喷嘴。

（2）对吸收塔壁板泄漏点进行焊补，并对塔壁腐蚀部位进行补强，方法为挖补焊或补强焊，确保塔壁铁板保持原来的设计厚度；严格控制吸收塔壁板及支撑钢梁的打磨标准，如果由于环境原因及原有利旧的壁板部位导致无法喷砂，打磨要按喷砂级别去除表面内衬及氧化皮，确保打磨后塔壁铁板的粗糙度必须符合 Sa2.5 的要求；按照 0.2 kg/m² 用量刷涂底漆，涂刷后固化 8 h 以上；底漆固化后清理表面灰尘，涂刷第一遍玻璃鳞片胶泥，厚度保持在 1 mm，涂刷完成后固化 8 h，待固化完成后进行第二遍玻璃鳞片胶泥涂刷，厚度也保持在 1 mm，继续固化 8 h；用干膜测厚仪及电火花仪进行 100% 检验，确保两层鳞片干膜总厚度为 2 mm；根据吸收塔内部浆液情况补强防腐内衬，采用 450 号玻璃纤维布 + 低温树脂（俗称玻璃钢）进行补强，固化后的玻璃钢层目测光滑平整、颜色一致，无褶皱、气泡，玻璃钢干膜厚度均为 1 mm；增加耐磨层，耐磨材料主要使用碳化硅和氧化铝粉，干膜厚度为 2 mm；上述工艺施工过程中要确保空气相对湿度不大于 85%，防腐耐磨施工完毕，用干膜测厚仪对防腐厚度进行抽样检查，干膜厚度不应小于 5 mm。

（四）处理效果

按照处理方案进行施工后，吸收塔未发生渗漏情况，节约了因吸收塔泄漏产生的检修成本，保证了脱硫装置安全稳定运行。

案例二　超净水膜除尘器（de-dustunit for ultra clean，DUC）系统泄漏

超净水膜除尘器一般设置在吸收塔两级除雾器之间，利用破碎气团的水膜装置实现微细颗粒粉尘的去除，并可有效降低除雾器运行需水量，从而缓解脱硫系统水平衡压力。一套脱硫装置设置一套除尘系统，包括收集水箱、除尘水泵、冲洗水泵、水膜除尘器、升气帽、玻璃钢管道等。由于烟气在流经吸收塔时会造成烟气分布不均，严重影响除尘效果；为使气流分布流场均匀，在一级除雾器和水膜除尘器之间装设了升气帽装置；升气帽可以同时收集二级除雾器和水膜除尘器冲洗用水，引导其自流至收集水箱。

（一）故障概况

福建某 2×330 MW 火力发电厂，2015 年 3 月开工进行 1 号超低排放改造工程 DUC 系统装置安装，设计条件为："在入口粉尘浓度小于 60 mg/m³（标准状态下）的条件下，出口粉尘浓度小于 10 mg/m³（标准状态下）"。

2015 年 11 月完成 168 试运，2016 年 2 月底，1 号机组烟气排放顺利通过福建省环境检测中心的环保检测，净烟气出口颗粒物最大含量 3.8 mg/m³（标准状态下）。3 月 25 日，1 号 DUC 项目根据性能试验报告，在 3 台吸收塔循环泵和 1 台 AFT 塔循环泵运行的模式下，入口粉尘浓度为 58.45 mg/m³（标准状态下）时，出口烟尘浓度为 8.8 mg/m³（标准状态下），性能满足设计要求；但是经过一段时间的运行，两台机组的 DUC 装置均出现了问题。

（1）1、2 号 DUC 设备从投运开始就存在不同程度的除尘水泄漏现象，尤其是 2 号 DUC 泄漏严重，不能连续投入运行。2017 年 4 月对 2 号 DUC 进行了热态泄漏试验，除尘水泄漏量高达到 42 m³/h。

（2）1 号 DUC 系统的除尘水有浑浊现象，2016 年 11 月在检修过程中对 1 号脱硫吸收塔一级除雾器进行过检查，但在随后的运行期间，除尘水再次出现迅速浑浊的现象。2017 年 2 月 22 日，1 号脱硫系统随主机启动，注入的清水不到 12 h，水箱中的浆液密度就达到 1080 kg/m³。

（二）原因分析

（1）对 DUC 除尘水系统进行梳理。DUC 装置在吸收塔内设多层冲洗管网，其中原有 4 层用于屋脊式除雾器冲洗，新增 2 层冲洗管网分别用于水膜除尘器冲洗和布水。新建的一座收集水箱，用于储存升气帽收集到的水，增设原除雾器冲洗水泵至收集水箱的管道，为收集水箱补充新鲜工艺水。收集水箱配置 2 台除尘水泵和 2 台冲洗水泵，均为一运一备，除尘水泵将收集水箱的水送至吸收塔布水层，为水膜除尘器布水。冲洗水泵用于置换收集水箱中的除尘水，除尘水用于冲洗一级除雾器，也可直接排至过滤水地坑。原采用工艺水进行除雾器冲洗的管网系统保留，另增设一路工艺水至水膜除尘器下部冲洗管网，保证水膜除尘器差压维持正常值，不发生堵塞、结垢的情况，保证除尘效果高效稳定运行。DUC 水膜除尘器系统如图 2-13 所示。

（2）1 号 DUC 的升气帽采用菱形结构，2 号 DUC 的升气帽为倒三角结构。升气帽改造成倒三角结构后，降低了除尘水流动到水槽的流动速度，从而增加了泄漏。

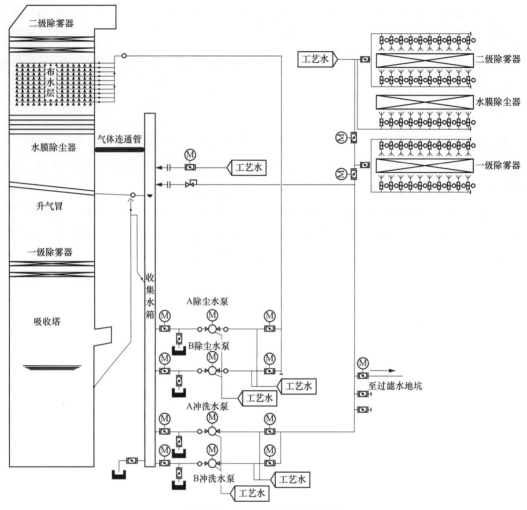

图 2-13　DUC 水膜除尘器系统

（3）从除尘水迅速带浆浑浊推断，一级除雾器出现堵塞，影响了除雾效果。打开 1 号一级除雾器人孔门检查发现，叶片上均沾满了厚厚的石膏泥浆，叶片有两处除雾器模块出现脱落倾翻，有一处叶片上方的冲洗水管破裂，整行的除雾器叶片因为水管失去压力而得不到冲洗，V 字形叶片底部堵塞严重。

根据调查，在 2016 年 8 月 29 日改用除尘水冲洗水泵冲洗一级除雾器后，才开始出现了除尘水带浆问题。如果除尘水中含有的浆液已经是饱和状态，用饱和的石膏水冲洗除雾器，除雾器叶片以及除雾器喷嘴的结垢风险提高，特别在间断冲洗情况下，结垢厚度会逐步增加。除雾器堵塞是造成除尘水浑浊的直接原因。

（三）治理措施

（1）升气帽泄漏严重影响 DUC 的投运，在升气帽之间增加隔板或更换成菱形升气帽。

（2）用除尘水冲洗一级除雾器，定期进行水质化验，防止水质变化引起除雾器叶片和喷嘴的结垢风险。

案例三 DUC 除尘水泵出口管道断裂

（一）故障概况

福建某电厂 1、2 号 DUC 装置分别为 2015、2016 年除尘提效改造中安装并投入使用，2020 年 8 月 7 日，运行人员巡检时发现 1 号 DUC 系统 C 除尘水泵出口管道与除尘水箱出口母管黏接处发生开裂并漏水，且裂口逐渐扩大，漏水量不断增加，运行人员立即停运 1 号 DUC 系统 C 除尘水泵。水泵停运后，泵出口管道与母管连接处突然断裂，管道断裂照片如图 2-14 所示，系统中管道断裂位置如图 2-15 所示，管道安装图中断裂位置如图 2-16 所示。8 月 20 日，1 号 DUC 除尘水箱出口母管断裂抢修结束，1 号 DUC 系统 C 除尘水泵启动正常。

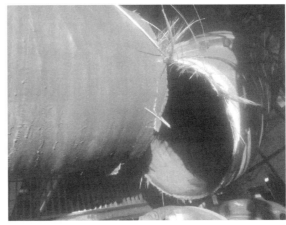

图 2-14 管道断裂照片

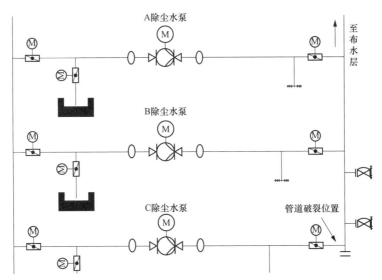

图 2-15 系统中管道断裂位置

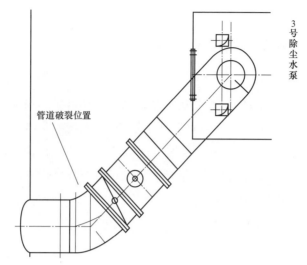

图 2-16　管道安装图中断裂位置

（二）原因分析

管道断裂处在两根玻璃钢管件折角接缝处，该处水流冲击力强，施工难度较大。从断口看出玻璃丝布成丝状，而非片状，说明当时施工时树脂浸透不充分，存在施工质量问题。1 号 DUC 系统属国内首套水膜除尘装置，2017 年 1 号 DUC 系统 C 除尘水泵出口管道与出口阀门连接处断裂，2018 年 1 号除尘水箱水平段断裂，反映出整体施工经验不足。

（三）处理措施

（1）对 1 号除尘水泵出口段管道进行抢修，更换新玻璃钢管道，待机组停运等级检修时，将其更换为碳钢衬胶管道。

（2）加强对 DUC 系统巡查监视力度，发现玻璃钢管道有渗水迹象，及时停运除尘水泵，第一时间组织人员用玻璃丝布、树脂对漏点进行封堵，避免发生管道脆性断裂。

（3）检查 2 号机组除尘水泵出入口的弯头、变径管道等流体阻力较大的管件，等级检修中更换为碳钢衬胶管件。

案例四　吸收塔收集碗出现裂纹

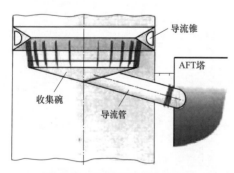

图 2-17　吸收塔收集碗示意图

收集碗是单塔双循环工艺的一个重要设备，通常为倒锥形设计，底部有导流管与 AFT 塔联通，喷淋浆液通过收集碗收集后从导流管流入 AFT 塔。圆锥由等分的扇面结构组成，分别通过支撑拉杆固定在导流锥上，收集碗下表面圆周设置加强筋进行固定。多家火电厂等级检修中发现收集碗出现不同程度的裂纹，造成浆液渗漏。吸收塔收集碗示意图如图 2-17 所示。

（一）故障概况

2018 年 5 月，某电厂进行脱硫装置等级检修，检修人员在检查吸收塔内部设施时发现收集碗与导流管连接处漏水，收集碗底部沿焊缝方向存在多处裂纹，裂纹大小不一，有沿焊缝的纵向裂纹，也有与焊缝有一定角度的横向裂纹。该收集碗采用 2205 材质的合金钢板，板厚 8 mm，焊条采用 2209 材质。

技术人员对每个裂纹都进行了编号和影像留存。从裂纹的大小来看，有两处较大裂纹，一个在收集碗底部（如图 2-18 所示），裂纹长度为 900 mm，裂缝宽度最大 4 mm，裂缝从焊缝处裂开，然后向两端延伸到母材，一端向上延伸，一端向下延伸到导流管；另外一条比较大的裂纹出现在导流管最高处的扇面上，裂纹平行于导流管焊接的环焊缝，裂纹长度 450 mm。扇面与导流管采用角焊缝形式焊接在一起，在焊缝的热影响区有一个裂纹，位于导流管的右侧，平行于焊缝，裂纹长度 340 mm；其余裂纹主要是横向裂纹（如图 2-19 所示），裂纹长短不一，横向裂纹一般有一个特点就是钢板在此处有弯折，裂纹向焊缝两侧延伸进入母材。

 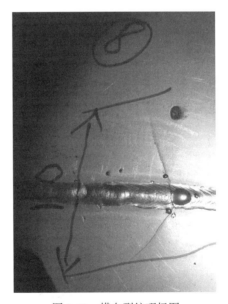

图 2-18　收集碗底部裂纹现场图　　　　图 2-19　横向裂纹现场图

（二）原因分析

2018 年 5 月，相关部门技术人员对现场合金裂纹情况进行联合检查，对母材（2205 合金钢）、焊材（型号：E2209 焊条）进行了光谱分析。从光谱分析来看，材料各成分百分数都在合格范围内，排除了材料问题的因素。通过现场检查分析，认为裂纹形成有以下方面的原因：

（1）焊缝余高不足、内应力大造成 1 号大裂纹产生。1 号裂纹正好在碗底的最低点位置，起于纵焊缝并向上延伸到扇形板母材，向下延伸到导流管母材。与相邻焊缝比较，开裂的焊缝正好是余高最低的一道,甚至低于母材表面(裂纹的焊缝低于母材平面如图 2-20 所示);其次,该位置焊缝过于密集,产生了较大内部应力也是重要原因。另外,钢板组合角度误差过大产生额外拉力,浆液的冲击进一步加剧焊缝受力,最终导致被撕裂(组装角度误差过大增加额外拉力如图 2-21 所示)。

图 2-20　裂纹的焊缝低于母材平面　　　　图 2-21　组装角度误差过大增加额外拉力

(2)对口间隙大导致热影响区材质强度减小。裂纹位于导流管接口上端,在导流管与扇形板环焊缝的热影响区,由于需要承担溜管浆液的重量,此处承力较大;位于环焊缝右侧热影响区位置裂纹,承力较大,平行于焊缝产生了撕裂现象。

由于扇形板和导流管是大型异型件,两者之间的对接是施工难点。根据设计,该焊缝为现场焊接,收集碗椭圆形切口在现场与导流管预组合后切割,导流管需要与扇形板贴合并保证均匀的对口间隙,形成角焊缝;但从现场焊接来看,由于间隙较大(导流管和扇形板角焊缝对口间隙大如图 2-22 所示),只能依靠焊条堆焊对焊缝进行填充,造成热量输入较大,影响材质强度。

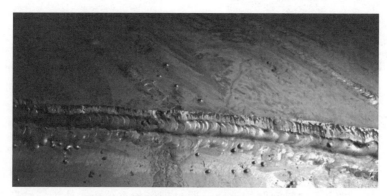

图 2-22　导流管和扇形板角焊缝对口间隙大

(3)加筋焊接工序不合理产生许多横向裂纹。经确认,横向裂纹的下方,正好是加筋位置,横向裂纹的产生与加筋焊接顺序有关。根据施工照片(现场施工照片如图 2-23 所示），加筋和钢板在地面预组装后一片一片吊装到位；部分加筋的焊接是在纵向焊缝焊接完成后进行的；焊接加筋时，热量在钢板一侧集中输入，钢板将向加筋侧翘曲收缩变形，最终将焊缝及钢板拉裂；如果加筋地焊接在纵焊缝焊接前完成，产生横向裂纹的可能性就会大幅降低。

图 2-23　现场施工照片

（4）焊接工作存在各种外观缺陷。其他形式的焊接缺陷也比较多，不仅焊接余高不足或余高高低差别较大，而且存在咬边、焊接电流太大、未熔合、甚至存在部分焊缝没有打坡口就施焊的现象。

（5）施工单位的焊接技术及现场施工管理存在不足。对现场资料进行检查，未发现收集碗合金件的施工方案、作业指导书、焊接工艺卡等技术文件；施工单位没有 2205 合金钢的焊接工艺评定；没有针对收集碗焊接的独立施工方案。

（6）焊接设计过于笼统，碗底焊缝过于密集。根据图纸，所有扇形板都从中心出发，纵向焊缝最终在收集碗底部汇集成一点，这与图纸总说明中"拼接缝需两两错开且间距不小于 200 mm"的要求不一致；虽然施工方做出了一定程度的改善，将扇形板尖端稍微切除一部分再与导流管底部搭接焊，但收集碗底部纵向焊缝仍然过于密集。根据现场检查，最密集的地方焊缝间距大约 30 mm（焊缝间距过于密集如图 2-24 所示）；焊缝密集会导致应力集中，因此碗底部分应加大扇形板最窄处的板宽，减少焊缝。

图纸总说明中提到的焊接要求没能涵盖对 2205 合金的焊接要求，该规范中对合金的焊接要求主要针对吸收塔入口合金烟道，没有对收集碗的焊接进行针对性的规定。

（7）工厂制造问题。收集碗在工厂经过切割、拼接等工序形成扇形板。现场发现扇形板在现场组合后出现"十"字焊缝，位于部分横向裂纹的下方，正好是加筋位置；"十"字焊缝造成焊缝的交叉重叠，热应力区集中，影响了材料强度。扇形板在现场拼接时出现"十"字焊缝如图 2-25 所示。

图 2-24　焊缝间距过于密集

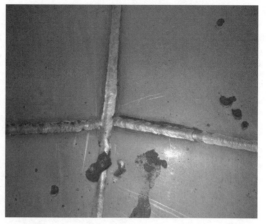

图 2-25　扇形板在现场拼接时出现"十"字焊缝

（三）处理措施

（1）焊接前做好充分的技术准备，施工过程严格执行工艺要求，做好监督检查及节点验收工作。现场施工应加强对焊接专业管理，要求施工单位具有 2205 合金的焊接业绩及相关资质，施工前要求施工单位编制专项焊接作业指导书、焊接工艺卡并进行审核批准；对入场焊工除审查资质外，还需要进行岗前练习考试，确保焊工技术水平满足要求；加强焊接过程控制，对焊口打磨及对接质量、预组装精度、焊接过程电流控制、焊道成型质量等进行监督检查，对无损检测不合格的焊缝要求重新修复处理，杜绝各种缺陷产生。

（2）设计优化排版，避免焊缝间距过密的现象发生。对导流管以及收集碗的切口，需要进行放样设计，减少现场对口工作量，提高对口质量；对坡口的角度进一步审核，是否便于施工；在导流管与扇形板之间增加筋板，提高结构刚度。

（3）针对收集碗底部裂纹的问题设计优化方案，将导流管与收集碗底部相交的位置由点改为曲线（相贯线），加大碗底部分板宽，减少焊缝，避免焊缝集中（收集碗底部设计优化如图 2-26 和图 2-27 所示）。

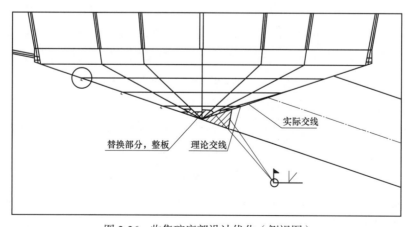

图 2-26　收集碗底部设计优化（侧视图）

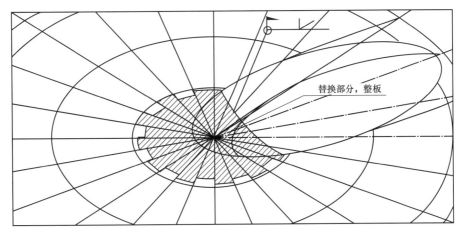

图 2-27　收集碗底部设计优化（俯视图）

（4）制造单位在进行扇形板及导流管等单件的拼接时，为避免交叉焊缝的出现，在设计说明中已经强调扇形板的放样拼接严禁出现"十"字焊缝，图纸中也改进了排列形式（收集碗避免十字焊缝的排列图如图 2-28 所示），制造单位在下料前应提交排列图，经设计确认无误方可投料生产，生产后在厂家需进行预拼装；现场调整焊接顺序，加强筋焊接到扇形板上之后再进行扇形板拼接。

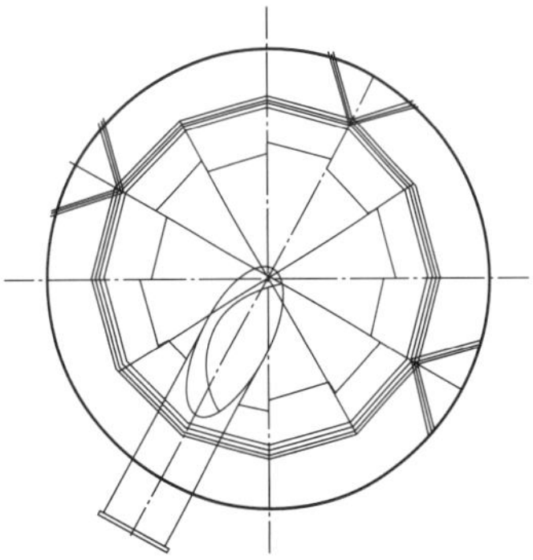

图 2-28　收集碗避免"十"字焊缝的排列图

案例五　吸收塔导流锥泄漏

吸收塔导流锥设计为空心锥体，内置加强隔板支撑，锥体壁板表面进行防腐处理。若防腐层发生损坏，壁板被浆液冲刷，会发生腐蚀损坏，造成锥体内部浆液堆积；浆液从内往外腐蚀锥体及吸收塔塔壁，易出现焊口开裂现象，且无法在线检修，存在较大安全隐患，影响系统安全稳定运行。

（一）故障概况

江苏某电厂 2×1000 MW 脱硫改造工程 2016 年 1 月完成 168 h 试运，当年 7 月下旬发现 3 号脱硫装置导流锥泄漏严重。2017 年 1 月，3 号机组停机检修，对吸收塔导流锥进行检查，发现导流锥上部壁板衬胶防腐层损坏，损坏部位按照导流锥内部隔板位置均匀分布；全部 12 个导流锥上坡面分隔仓对接缝下部背离吸收塔壁的方向，对接缝两侧基本都有 1 m 左右、宽约 100 mm 的条状腐蚀穿孔，共 24 个。

（二）原因分析

从现场检查情况来看，衬胶脱落有明显的规律性。脱落部位集中在导流锥上坡面下部 1/3 处，且最严重的部位就是在分隔舱对接缝下部两侧。分析原因如下：

（1）采集导流锥损坏部位附近衬胶板，测量厚度基本在 3.6～3.8 mm（原始厚度 4 mm），冲刷减薄不明显，按照运行 1 年减薄 0.4 mm 的速率计算，应该可以坚持 5 年以上，因此衬胶板受冲刷减薄的原因可以排除。

（2）从损坏部位来看，衬胶板损坏与浆液冲刷有较大相关性，与导流锥振动相关性不大；导流锥受浆液冲刷，振幅最大处应在导流锥隔舱中部，而不是两端；损坏多数都在隔舱分割的夹角处，单纯增加隔舱和加固导流锥面板不能解决衬胶脱落问题。

（3）衬胶板搭接的黏接缝被冲刷撕开，进而继续发展导致大面积衬胶脱落，是衬胶板损坏的一个重要原因。

（4）胶板搭接缝处外涂的防磨材料对浆液冲刷有一定防护作用。防腐施工时搭接缝处均在衬胶黏接后外涂防磨材料，因此部分搭接缝还未发展到开裂状态；但是经过一年运行后，防磨材料被冲刷磨损，部分胶板已经从搭接缝处掀开。

（5）吸收塔壁有部分圆形衬胶脱落发展原始点，分析判断为施工中脚手架管磕碰造成衬胶损坏。

（三）处理措施

（1）对腐蚀渗漏处进行修补时，铲除腐蚀部分，周边加工成 30° 坡口，露出的基层清理打磨出金属光泽。

（2）对衬胶板进行修补，采用施工时胶板铺贴相同的工艺，刷胶黏剂后仔细辊压修补的胶板块，赶尽空气；待胶黏剂干燥后用割刀切除多余部分，表面修整平坦。

（3）针对导流锥衬胶已剥除的部分和支撑大梁搭接处，采取以下措施：施工前先用 10 cm 宽、2 mm 厚的胶板进行过度，塔壁上衬 5 cm，梁和支撑处过度 5 cm；再用 4 mm 厚的胶板衬到 2 mm 厚的胶板上，然后用约 5 cm 宽、2 mm 厚的胶板进行封口处理；最后再用 20 cm 宽左右的玻璃钢做加强处理。

（4）由于喷淋区中间衬胶部分全部是老胶板，因此采取以下措施：针对上半部分老胶板和新胶板的搭接处，施工前先用 20 cm 宽、2 mm 厚的胶板沿老胶板下口衬一圈，再用 4 mm 厚的胶板贴在 2 mm 厚的胶板上搭接为 10 cm；然后沿老胶板区域在 2 mm 厚的胶板上涂抹一层鳞片，厚度和 4 mm 胶板齐平；最后在新胶板和老胶板的搭接处用 20 cm 宽的玻璃布做加强处理；下半部分由于是浆液顺流方向，衬胶完成后做加强处理即可。

（5）原衬胶修补前，先把胶板磨成 30° 以上坡口，扒除胶板部位，把基层打磨干净，并用清洗剂清洗；第一层胶板和原胶板坡口衬齐，第二层胶板和原胶板搭接不少于 10 cm；新衬胶板使用和原胶板同一型号的合格材料。

（6）导流锥胶板搭接位置预留 2205 不锈钢螺栓丝杆，用 2205 不锈钢压条对胶板搭接边进行加强，压条用螺母加橡胶垫圈进行固定。

（四）处理效果

此项工艺实施近两年的时间，未发现导流锥衬胶脱落情况。

案例六 吸收塔除雾器堵塞

除雾器性能的好坏直接影响到湿法脱硫系统的可靠运行。除雾器出现故障会造成净烟气携带浆液现象严重，大量带出的浆液可能造成烟囱排出的烟气中伴随着大量液滴，形成石膏雨现象，给周围环境带来严重危害，甚至可能导致整个机组的停运。

（一）故障概况

某电厂 4 号机组为 330 MW 燃煤机组，于 2015 年完成超低排放升级改造。脱硫采用石灰石－石膏湿法双塔双循环工艺。一级塔除雾器在塔内顶部竖直布置，为一级屋脊式除雾器加一级管式除雾器竖直布置，屋脊式除雾器在上，管式除雾器在下；上部的屋脊式除雾器设置上、下两层各五组冲洗水，下部的管式除雾器未设置冲洗水；除雾器前、后装设一组差压式变送器，将烟气侧差压数据实时传至 DCS 画面，一级塔除雾器设计差压为 126 Pa，运行过程中 100% 负荷对应的除雾器差压一般为 140～150 Pa。2019 年 1 月 10 日，就地实测 4 号机组 85% 负荷，一级塔除雾器差压为 830 Pa，且以每 7 天增大约 120 Pa 的速度上涨，威胁机组安全运行；运行人员通过采取提高除雾器冲洗频次、置换浆液降密度、增加脱硫添加剂等措施，减小除雾器差压。2019 年 1 月 26 日，4 号机组临时停运，一级塔除雾器烟气侧差压较 1 月 10 日同负荷工况减小约 300 Pa。1 月 28 日，运行人员检查发现管式除雾器局部堵塞严重，堵塞面积约占整个截面的 1/3，屋脊式除雾器四周堵塞相对严重，管式及屋脊式除雾器均无坍塌，除雾器整体堵塞程度与实测差压基本相符。

（二）原因分析

（1）对 4 号机组一级塔除雾器进行冲洗试验，冲洗前除雾器冲洗水泵电流为 68 A，压力为 0.8 MPa，4 号机组一级塔除雾器冲洗试验结果见表 2-1。

表 2-1　　　　　　　　　　4 号机组一级塔除雾器冲洗试验结果

项目	下部阀门					上部阀门				
	A	B	C	D	E	A	B	C	D	E
冲洗水泵电流（A）	92.2	94.6	94.6	94.6	91.5	90.0	94.6	94.6	94.6	90.7
冲洗压力（MPa）	0.29	0.23	0.27	0.23	0.29	0.22	0.23	0.23	0.23	0.28
冲洗流量（t/h）	97	110.8	110.7	111.6	96.2	85.1	111.8	112.2	110.3	92.7

追溯 4 号机组最近一次检修后运行调试记录，一级塔除雾器冲洗流量及压力与表 2-1 无明显差异。冲洗压力均大于 0.2 MPa，流量正常，满足冲洗要求。2019 年 1 月 31 日进行现场冲洗试验，除末端喷嘴堵塞外，冲洗效果整体较好，可以排除除雾器冲洗流量小、压力低导致堵塞。

（2）查阅 2018 年全年的 4 号机组一级塔浆液密度及酸碱值数据，浆液密度的月均值都控制在 1120～1160 kg/m³ 范围内，酸碱值的月均值都控制在 5.2～5.8 范围内，满足设计要求，可以排除吸收塔浆液密度、酸碱值控制不当的因素。

（3）2018 年 8 月，在处理 4 号机组一级塔除雾器烟气侧差压测量装置缺陷时，打开除雾器下部测孔，发现测孔处向外异常灌浆（除雾器下部测孔情况如图 2-29 所示），由此怀疑塔内喷淋层破损。2019 年 1 月 28 日，进行顶层浆液循环泵试验，肉眼可见喷淋层支管至少有五处破损，浆液向上喷淋（顶部喷淋层情况如图 2-30 所示）。顶层浆液循环泵喷淋支管破损，烟气携带的浆液大幅增加，导致相邻的管式除雾器发生局部堵塞。

图 2-29　除雾器下部测孔情况　　　　　图 2-30　顶部喷淋层情况

（4）查阅故障前三个月的浆液品质化学监督表，4 号机组一级塔浆液的亚硫酸钙共发生四次超标，情况如下：2018 年 11 月发生超标一次，时间周期为 11 月 7～13 日；2018 年 12 月发生超标三次，时间周期分别为 12 月 3～6 日、12 月 16～19 日、12 月 22～25 日。

经调查发现，原因是公用系统中的含有亚硫酸钙的浆液进入 4 号机组吸收塔浆池，导致 4 号机组亚硫酸钙含量部分时段超标，亚硫酸钙随烟气附着在除雾器上，出现结垢现象，长时间累积堵塞除雾器；开塔后取出的管式除雾器堵塞垢样中，半水亚硫酸钙含量为 9.47%，因此可以验证 4 号机组一级塔部分时段浆液亚硫酸钙含量偏高为除雾器堵塞的原因之一。

（5）结合现场试验、垢样化验报告及查阅相关资料，分析造成 4 号机组脱硫一级塔除雾器烟气侧差压增大的主要原因有两点：第一，塔内浆液循环泵顶部喷淋层破损，原本向下喷淋的浆液变为向上喷淋，烟气携带浆液量大幅增加，浆液中的碳酸钙、石膏等物质迅速在折流板处结垢，形成堵塞物；因管式除雾器未布置冲洗水，堵塞物不能得到有效冲洗，烟气通流面积减小，除雾器烟气侧差压增大。第二，浆液中亚硫酸钙含量偏高，亚硫酸钙呈黏性，随烟气夹带至除雾器，使堵塞加剧。

（三）处理措施

利用检修机会对 4 号机组一级塔顶层喷淋层破损的支管进行修复，同时采取措施控制进入 4 号机组一级塔的亚硫酸钙含量，机组运行四个月后，一级塔除雾器烟气侧差压未出现异常增大现象。为预防除雾器堵塞，制定以下措施：

（1）按规定对吸收塔浆液密度、酸碱值、入口粉尘值等参数进行控制，按时准确做好浆液品质的化学监督，发现异常及时处理。

（2）加强对脱硫烟气沿程阻力的监视，制订相应阻力监视表，做到有问题及时发现。

（3）提高除雾器冲洗意识，合理布局脱硫水平衡，严格做到按规定冲洗，建立考核、监督机制。

（4）除雾器压差计对除雾器的运行至关重要，传至 DCS 的除雾器差压测点应采用冗余设计，并制定定期疏通和校验制度，确保测孔畅通，差压显示准确。

（5）脱硫喷淋层、除雾器及相关烟道做到逢停必检，发现异常应及时分析处理。

（6）新安装的管式除雾器应同步配置除雾器冲洗装置。

案例七　侧近式搅拌器运行电流升高

侧进式搅拌器广泛用于吸收塔、事故浆液箱等大型箱罐的搅拌，其目的是保证足够的流体速度以及保持浆液固含物的悬浮。

（一）故障概况

2020 年 2 月 10 日，某电厂 3 号机负荷 564 MW；脱硫装置入口原烟气 SO_2 含量 2451 mg/m³（标准状态下），净烟气 SO_2 含量 17.9 mg/m³（标准状态下），吸收塔浆液 pH 为 4.8，AFT 塔浆液 pH 为 5.5；3 号吸收塔 A、B、C 浆液循环泵、3 号 AFT 塔 A 浆液循环泵运行，脱硫装置运行正常。

11:51，3 号 AFT 塔 A 搅拌器电流由 23.7 A 突升至 35 A 左右波动，15 s 后降至 19.7 A 左右。11:55，3 号 AFT 塔 A 搅拌器电流由 23.5 A 突升至 35 A 左右波动，电流最高波动至 44 A；约 30 s 后，3 号 AFT 塔 A 搅拌器跳闸。

就地检查 3 号 AFT 塔 A 搅拌器外观未见异常，测量电动机表面、轴承温度 32 ℃，就地无异味，测量电动机绝缘电阻合格（A 相 282 MΩ，B 相 435 MΩ，C 相 483 MΩ）；机务专业手工盘动搅拌器轴，发现搅拌器轴盘动不畅；开启 3 号 AFT 塔 A 搅拌器底部冲洗水冲洗 30 min 后，拆下减速机防护罩手动盘搅拌器轴，盘动正常；为了确保沉淀物消除，检修人员保留底部冲洗水继续冲洗 2 h。19:43，启动 3 号 AFT 塔 A 搅拌器，振动（水平振动 0.056 mm、轴向振动 0.062 mm、垂直振动 0.048 mm）、温度（30 ℃）、电流（22.1 A）均在合格范围内，设备运行正常。

（二）原因分析

经过研究分析，搅拌器电流增大的原因应为吸收塔内浆液含有异物，异物碰到搅拌器引起搅拌器负载加大，电流异常波动。导致浆液中存在异物主要原因有：

（1）塔壁、导流锥、收集碗或导流管等衬胶有脱落情况。

（2）AFT塔浆液循环泵滤网固定点腐蚀，导致滤网脱落，随浆液漂移至搅拌器叶轮处。

（3）AFT塔氧化风喷枪脱落。

（4）吸收塔二级喷淋层喷嘴或其支管脱落。

（5）屋脊式除雾器模块组件或一级除雾器下部冲洗水管脱落。

（6）塔壁石膏结晶脱落。

（三）处理措施

（1）为了防止塔壁、导流锥、收集碗和导流管等衬胶或塔壁石膏结晶大面积脱落情况发生，运行人员应在满足排放标准的情况下减少运行AFT塔浆液循环泵频次。

（2）运行人员加强对该搅拌器的电流监视，每2h对减速机等机械部位的声音、振动、温升情况进行检查。

（3）运行人员每班定期对该搅拌器冲洗30 min，防止浆液沉积和异物缠绕，确保搅拌器运行正常。

（4）落实每值运行参数指标调整、化验监督管理责任，确保浆液系统氧化效果，控制好浆液指标，防止造成吸收塔壁大面积严重结晶。

（5）检修前，全面梳理检修文件包，在吸收塔检修文件包中将浆液循环泵滤网、氧化风喷枪、吸收塔塔壁结晶检查、吸收塔喷淋层喷嘴及支管检查、除雾器冲洗水管检查列为现场见证点，除雾器模块组件检查修复、塔内衬胶检查修复列为停工待检点，通过对系统进行检修，全面提升运行可靠性。

（6）在停机检修期间，重点对塔内衬胶防腐层进行细致全面地检查，包括硬度、厚度、外观等，并用电火花仪检测衬胶隐蔽损伤点，对老化衬胶进行更换，确保衬胶不再脱落，对塔壁结晶体进行全面清理。

案例八　侧进式搅拌器主轴磨损

（一）故障概况

图2-31　搅拌器（30SV25M-5.34 SHARPE）

某电厂2×600 MW超临界机组，配套石灰石-石膏湿法烟气脱硫工艺，于2018年8月16日正式投入运行。脱硫系统装有烟气旁路烟道，每台炉单独装设1台增压风机，2套脱硫装置，吸收塔共设置12台侧进式搅拌器（搅拌器型号为30SV25M-5.34 SHARPE，如图2-31所示）。2019年10月10日，运行人员巡检中发现2号脱硫装置D吸收塔搅拌器机械密封泄漏，检修时发现搅拌器主轴机械密封的安装位置磨损严重。

（二）原因分析

（1）搅拌器主轴偏心转动导致机械密封渗漏。正常情况下，搅拌器机械密封、低速前轴承、低速后轴承三者的相对中心应保持在同一轴线上。当轴承损坏后，同心度发生偏差，在偏差过大的状态下运行，偏心扰动增大，轴套上的锁紧环、紧固螺栓会随着运行时间的增加而松动；这使得轴承轴套与轴之间产生相对轴向位移，搅拌器主轴受到磨损，主轴与轴承的径向配合间隙值增加，机械密封需要承载额外径向载荷；同时，在搅拌器启动、停止或运行中，轴向位移量增加，机械密封静环弹簧组承受收缩压力增大，动、静环无法正常闭合导致机械封渗漏。

（2）当机械密封发生轻微渗漏后浆液进入机械密封腔室，虽有内部密封阻挡，轴承内仍会逐渐淤积浆液，最终导致轴承抱死，主轴与轴承内套之间相对运动导致主轴磨损。

（3）本次事件反映出设备定期检查维护工作不到位，未能及时发现机械密封渗漏及轴承轴套锁紧环紧固螺栓松动；搅拌器轴承未定期加注润滑脂。

（三）处理措施

（1）根据主轴磨损情况和弯曲度测量，对主轴进行刷镀修复及校验，必要时更换新轴。

（2）更换机械密封，安装过程严格按照设备说明书要求执行。

（3）对搅拌器轴承进行更换，各部位轴承选用同一品牌产品。

为预防该故障再次发生，主要的防范措施有：

（1）严格按照搅拌器检修工艺要求进行检修工作，拆装机封、轴承等工作必须使用专用夹具，严禁使用其他固定方式，防止主轴偏移引起机械密封回装过程中损坏。

（2）加强设备日常维护及定期工作执行力度，及时发现设备存在的问题和隐患，早发现早处理，避免设备损坏事态扩大。

（3）轴承进行定期加油工作，保证机械密封轴承有足够润滑度，防止轴承抱死。

（4）定期对紧固件进行紧固，保证设备稳定运行。

案例九　搅拌器减速机向电动机内部渗油

（一）故障概况

甘肃某电厂 6×300 MW 机组于 2012 年底投入运行，配套建设石灰石－石膏湿法烟气脱硫设施，两炉一塔，3、4 号吸收塔搅拌器电动机与减速机为法兰连接齿轮传动方式，传动齿轮安装在电动机轴上；经过长期运行，电动机侧油封与电动机轴之间发生磨损，轴上出现磨损沟痕，导致减速机内润滑油进入电动机内部，影响电动机运行安全，同时造成渗油现象。

（二）原因分析

吸收塔搅拌器电动机与减速机连接处，共有动密封点 1 个，静密封点 6 个。发生渗油的主要原因是搅拌器投运周期较长，电动机主轴骨架油封位与油唇之间长期摩擦产生沟槽，造成密封面破坏，形成渗漏。除了容易发生泄漏的主轴骨架油封处之外，其余 4 个轴承压盖螺栓孔密封也是渗油点。

（三）处理措施

为解决电动机主轴骨架油封位与油唇之间长期摩擦产生沟槽的现象，直接在电动机轴上安装某公司生产的合金耐磨衬套（耐磨衬套如图 2-32 所示），此衬套能为密封件提供一个极好的配合表面，同时当轴发生磨损时，不必对轴进行拆卸或更换密封件尺寸。

图 2-32　耐磨衬套

薄壁衬套是过盈配合，轴表面上的任何不平整都可能会在衬套表面上形成相似的花纹，从而导致密封件泄漏。因此，在开始安装之前，应该仔细清洁主轴的密封面，并且锉掉所有毛刺或粗糙斑点；使用适当的金属粉末环氧填料处理较深的磨损沟痕、刮擦或粗糙的表面，必须在填料硬化之前将衬套定位在轴上；安装衬套时不得逾越键槽、交叉孔、花键轴或螺纹等，因为这会导致衬套变形，密封件难以随着它的旋转与新的密封面进行配合。需要注意的是，在安装之前不得对衬套进行加热；加热会引起衬套膨胀，但是一旦冷却下来，衬套则可能不能收缩到原始尺寸大小，导致套在主轴上产生松动。

衬套安装过程比较简单。清理过主轴的密封面后，测量主轴的未磨损部分的轴径，确定衬套的固定位置，在密封表面上做标记；在衬套的内表面涂上薄薄的一层非硬化密封剂，使用金属粉末环氧填料对主轴的磨损处进行处理，在填料硬化之前将衬套安装在主轴上（耐磨衬托安装后如图 2-33 所示，轴承压盖螺栓孔进行密封如图 2-34 所示）；安装好衬套后，仔细检查没有毛刺损坏密封件；使用与系统润滑剂相同的润滑剂对衬套进行润滑，然后进行密封件的安装。

图 2-33　耐磨衬托安装后

图 2-34　对轴承压盖螺栓孔进行密封

（四）处理效果

此方案施工工艺简单，成本低廉，且方法简单有效。在人员少任务重的情况下，减少了重复缺陷处理及电动机解体的人工成本，同时节约了搅拌器主轴外出加工、刷镀及运输的成本。

第三章 浆液循环系统

第一节 治理改造案例

一、节能改造

燃煤电厂脱硫系统运行成本中电费占比较大，其中，浆液循环泵是主要耗电设备之一，其耗电量约占整个脱硫系统的 65%～76%。因此，针对燃煤电厂脱硫系统运行的优化研究，对提高火电厂运行的经济性、降低脱硫系统运行费用，具有重大的意义。

当火电厂机组负荷发生变化时，或是燃煤硫分变化时，脱硫入口烟气含硫量变化范围较大。为控制净烟气达标排放，传统的脱硫调节方式通过启停浆液循环泵，改变石灰石浆液喷淋量，来控制吸收塔的脱硫效率；但浆液循环泵的工频运行状态，导致净烟气 SO_2 浓度无法实现线性调控，既增加了运行调节的难度，又增加了耗电量，因此，对浆液循环泵增加调速系统是十分有必要的。当前市场应用广泛且较为成熟的调速方案主要有两种，即变频调速和永磁调速，以下选取两个变频调速改造案例和两个永磁调速改造案例来阐述浆液循环泵的节能改造过程。

案例一　2×1000 MW 机组 1400 kW 浆液循环泵变频调速改造

（一）项目概况

某公司 2×1000 MW 机组脱硫系统采用石灰石 - 石膏湿法烟气脱硫工艺，于 2016 年开展超低排放改造，采用单塔双循环工艺路线，设计硫分 2.2%，脱硫效率 99.3%，脱硫系统设计入口二氧化硫浓度 5178 mg/m³（标准状态下），出口二氧化硫浓度不高于 35 mg/m³（标准状态下）。

脱硫系统为 3+3 配置，即吸收塔和 AFT 塔各设置 3 台浆液循环泵。当脱硫入口烟气 SO_2 浓度和机组负荷变化范围较大时，仅能通过启停浆液循环泵数量来调节，达到节能降耗的目的。当机组低负荷低硫分下，为保证机组安全运行，防止当仅有一台浆液循环泵运行时跳闸造成主机非正常停运，必须至少保持两台浆液循环泵运行（为避免同母线运行，正常情况下 A、B 泵或 B、C 泵运行）；当机组负荷较低或燃用低硫煤种时，脱硫入口硫分低于 1500 mg/m³，出口硫分可能为 0 mg/m³，脱硫运行人员将无任何调整措施，只能联系值长通过配煤掺烧的方式，调节入炉煤硫分。该公司决定先对 6 号机组进行浆液循环泵变频改造，观察效果后再对 5 号机组进行改造。

（二）改造方案

1. 改造前系统基本情况

（1）吸收塔运行参数：

吸收塔液位：8.0 m（±0.5 m）。

吸收塔密度：1080～1150 kg/m³。

吸收塔的 pH 理想控制范围为 4.5～5.0，AFT 塔为 5.5～6.1。

按照 6 号机组浆液循环泵的运行方式，6 号 A 浆液循环泵运行时间最长，因此决定对 6 号 A 浆液循环泵进行变频改造。

（2）6 号 A 浆液循环泵及变频器额定参数规范见表 3-1。

表 3-1　　　　　　　　　6 号 A 浆液循环泵及变频器额定参数规范

设备名称	参数规范			
6 号 A 吸收塔浆液循环泵	型号	LC1000/130	台数	3
	扬程（m）	25.04	电动机型号	YXKK500-4
	流量（m³/h）	12600	功率（kW）	1400
	压力（MPa）	1.0	电流（A）	159
	电动机质量（kg）	7050	转速（r/min）	1491
	绝缘等级	F	功率因数	0.87
高压变频器	型号	Y-06/173W		
	变频器额定容量	1800kVA		
	额定输入电压	6kV		
	额定输出电压	6kV		
	额定输出电流	173 A		
	输出频率范围	0～50 Hz		
	冷却方式	风冷		

加装变频器前，6 号 A 浆液循环泵运行电流介于 125～131 A 之间，出口压力一般在 0.12～0.18 MPa 之间。

2. 改造过程

2018 年，公司对 6 号 A 浆液循环泵电动机开展变频改造，在浆液循环泵房屋顶建造一间变频室，整套变频装置包括变压器、功率单元柜、控制柜及旁路柜；为确保变频器的散热效果，增加一套空水冷装置；通过加装高压变频装置来改变脱硫 6 号 A 浆液循环泵电动机转速，降低浆液循环泵的转速和扬程，实现对浆液流量的调节，进而实现更加高效、合理的运行方式。变频改造工作于 2019 年 4 月 24 日完成，6 号 A 浆液循环泵投入变频运行。

3. 改造后调试

脱硫超低排放改造时，浆液喷嘴的主要选型是高效空心锥喷嘴，其设计压力为 50～80 kPa，喷嘴出口浆液雾化粒径为 2200～3000 μm。根据相关的设计数据，正常运行时，为保证喷嘴性能及脱硫效率，喷嘴的运行压力应为 60～80 kPa。当喷嘴压力为 60 kPa 时，喷嘴出口浆液雾化粒径为 2300～2800 μm，若该粒径满足脱硫系统的运行要求，则节省浆液循环泵 2 m 扬程。浆液循环泵设计选型时，扬程应有 10% 余量，在保证雾化效果前提下，浆液循环泵扬程应有约 4 m 余量。结合冷态试验时浆液循环泵不同转速下的喷淋效果，当正常喷出浆液时，把正常喷出浆液的频率值作为初始值和正常运行时浆液循环泵的最低转速。现场试验过程中，浆液循环泵频率为 38 Hz 时浆液喷淋图如图 3-1 所示，浆液循环泵频率为 39 Hz 时浆液喷淋图如图 3-2 所示，浆液循环泵频率为 40 Hz 时浆液喷淋图如图 3-3 所示，随着浆液循环泵频率提高，浆液喷淋量及喷淋夹角逐渐增大，喷淋雾化效果不断加强，而频率低于 39 Hz 时无法正常喷淋。

图 3-1　浆液循环泵频率为 38 Hz 时浆液喷淋图

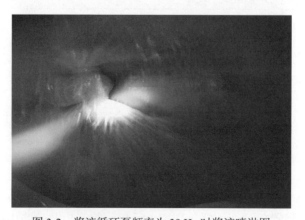

图 3-2　浆液循环泵频率为 39 Hz 时浆液喷淋图

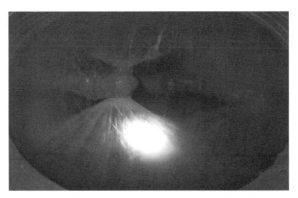

图 3-3 浆液循环泵频率为 40 Hz 时浆液喷淋图

(三) 改造效果

1. 变频改造后净烟气 SO_2 变化情况

变频改造后,当 6 号 A 浆液循环泵频率降低时,与烟气接触的循环浆液量减少,即液气比减小,从而出口净烟气 SO_2 浓度平均值有所增加。在机组负荷 800~850 MW、硫分 2500~3000 mg/m³(标准状态下)、风量 2400 t/h 这一工况范围内,如浆液循环泵采用 2 台吸收塔循环泵和 1 台 AFT 塔循环泵运行的模式,浆液循环喷淋量不能控制净烟气 SO_2 浓度。如浆液循环泵采用 2 台吸收塔循环泵和 2 台 AFT 塔循环泵运行的模式,浆液循环喷淋量较充裕,出口基本维持在 13~18 mg/m³(标准状态下),此时变频器参与调节优势突显,6 号 A 浆液循环泵变频输出在 43~46 Hz,净烟气 SO_2 均值可控在 24~27 mg/m³(标准状态下),环比上涨 40%,同比上涨 33%;每赫兹对应电流 8 A 左右,节能效果显著。

2. 变频改造前后烟气阻力变化情况

2019 年 4 月 24 日正式投运至 5 月 31 日期间,为保证数据合理有效性,选取机组负荷在 80% 左右的时间段,即负荷 800 MW,硫分 2500 mg/m³(标准状态下),风量 2400 t/h,变频改造后烟气阻力由 1680 Pa 降低为 1620 Pa,差值约 60 Pa。烟道阻力与 6 号 A 浆液循环泵变频开度对应曲线关系如图 3-4 所示。可以看出,变频改造后对机组烟道阻力影响较小。

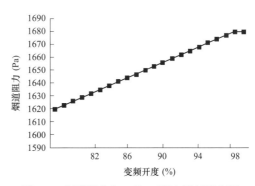

图 3-4 烟道阻力与 6 号 A 浆液循环泵变频开度对应图

3. 变频改造后节能分析

当 6 号 A 浆液循环泵处于变频模式运行时,6 号 A 浆液循环泵出口压力与变频开度对应如图 3-5 所示,6 号 A 浆液循环泵功率与变频开度对应关系如图 3-6 所示,6 号 A 浆液循环泵电流与变频开度对应关系如图 3-7 所示。

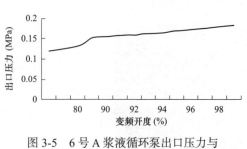 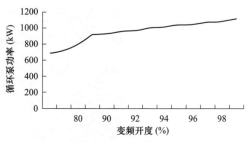

图 3-5　6 号 A 浆液循环泵出口压力与　　　　图 3-6　6 号 A 浆液循环泵功率与
　　　　变频开度对应图　　　　　　　　　　　　　　变频开度对应图

由图 3-5~图 3-7 可以看出，在满足脱硫出口环保参数要求的情况下，随着频率不断降低，浆液循环泵出口压力不断降低，浆液循环泵电动机和变频器电流逐渐减小，浆液循环泵功率依次下降，节能降耗效果较明显。

6 号 A 浆液循环泵工频电耗与变频电耗对比情况如图 3-8 所示。

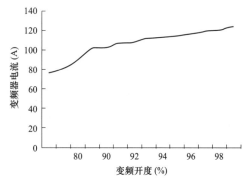 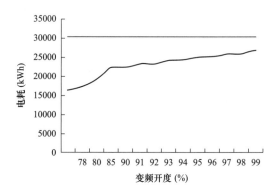

图 3-7　6 号 A 浆液循环泵电流与变频开度对应图　图 3-8　6 号 A 浆液循环泵工频电耗与变频电耗对比图

6 号 A 浆液循环泵工频运行情况下，电流约为 130 A，电动机实际功率为 1250 kW。6 号 A 浆液循环泵变频运行，在变频调整情况下，电流可降低 7~56 A，每小时电耗可比工频减小 63~506 kWh。从正式投运开始，在机组负荷率 50%~80% 的工况下，6 号 A 浆液循环泵不同时段的变频节能情况见表 3-2。

表 3-2　　　　　　　　　　6 号 A 浆液循环泵不同时段的变频节能情况

设备名称	运行日期	平均负荷（MW）	变频改造前日均耗电量（kWh）	变频改造后日均耗电量（kWh）	节约电耗（kWh）	节约电耗占比（%）	变频开度（%）
6 号 A 浆液循环泵	4 月 24~30 日	707	30121	18510	11611	38	86.8
	5 月 1~15 日	822	31198	19450	11748	37	90
	5 月 15~31 日	765	30489	18870	11619	38	88

按 6 号 A 浆液循环泵每年利用 5500 h 来计算，每年可节省电耗约为 211.2 万 kWh，按结算电价 0.35 元 /kWh 计算，每年可节约电费约 73.92 万元。

总之，6 号 A 浆液循环泵变频改造后，可以通过变频调整来适应机组不同的工况，出口 SO_2 浓度控制更为灵活，当机组燃烧低硫煤时，脱硫净烟气 SO_2 排放浓度到 0 的情况大幅减少，避免了环保问责及考核。同时，6 号 A 浆液循环泵变频调节的节能效果显著，变频改造竣工结算费用为 94 万元，按照节电量推算，一年半可收回投资成本，比预期提前一年。

案例二　2×330 MW 机组 800 kW 浆液循环泵变频调速改造

（一）项目概况

某电厂有两台 330 MW 燃煤热电联产机组，采用石灰石 - 石膏湿法烟气脱硫工艺。脱硫超低排放改造前为单塔单循环工艺，配置三层喷淋层，设计循环浆液量 23700 m³/h，设计硫分 2.3%，脱硫效率 95.3%，脱硫系统入口二氧化硫浓度不高于 5000 mg/m³（标准状态下），出口二氧化硫排放浓度为 60～150 mg/m³（标准状态下）。两台机组分别于 2015 年 7、10 月先后完成了 1、2 号机组超低排放改造。本次改造中将原单塔单循环烟气脱硫装置改为单塔双循环烟气脱硫装置，增设 AFT 塔及两层喷淋层，增加 AFT 塔 A、B 浆液循环泵，其中 AFT 塔 B 浆液循环泵浆液喷淋高度最高，为 35.5 m。超低排放改造完成后，烟气依次经过 SCR（选择性催化还原法）脱硝反应器、空气预热器、电除尘，由引风机增压后进入脱硫系统脱硫，然后到达湿式除尘器进一步除尘，最后经烟囱排入大气。

增设 AFT 塔及两层喷淋后，烟气中二氧化硫的排放浓度经常会维持在 3～6 mg/m³（标准状态下），与超低排放要求 35 mg/m³（标准状态下）相差较多，但停运一台浆液循环泵又会导致出口二氧化硫达不到超低排放标准。此外由于机组自动发电控制（automatic generation control，AGC）运行方式及配煤掺烧影响，负荷及出入口浓 SO_2 度变化较大，需要长期保持 4 台及以上浆液循环泵运行，脱硫系统厂用电率从 1.2% 增加至 1.7%。如何在满足超低排放要求的前提下降低脱硫厂用电率成了火电企业亟须解决的问题。

（二）改造方案

1. 改造过程

由于超低排放改造后 AFT 塔 B 浆液循环泵功率最大，为 800 kW，扬程为 35.5 m，且常规运行方式下运行时间较长，因此对 AFT 塔 B 浆液循环泵进行变频改造。本次先对 1 号机组进行改造，根据改造完成后的使用效果再对 2 号机组进行改造。

变频室设置在浆液循环泵房上方，由于浆液循环泵房屋顶强度不足，需对屋顶进行加固处理，满足变频器安装要求；然后加盖房间，预留 2 台变频器安装空间，房间高度不低于 3.2 m（变频器柜顶离屋顶留出 0.5 m 的安全距离）；变频器采用空调密闭冷却方式，保证设备的工作环境满足要求；每台机变频器室各安装 2 台 10 匹的工业空调，电源采用三相四线，2 台空调由两路电源供电，就地安装控制箱进行控制；电气专业对浆液循环泵电动机、变频器控制电源、变频室空调、照明系统等进行电缆敷设，热工人员制作 DCS 变频器监控调整画面。

2. 改造后最低频率确定

变频改造完成后，为了确定在保证浆液雾化效果前提下的最低频率，进行试验：调整浆液循环泵频率从 27.5 Hz 增加至 50 Hz，不同频率下浆液喷淋情况分别如图 3-9 所示（浆液循环泵频率为 35 Hz 时浆液喷淋图）、如图 3-10 所示（浆液循环泵频率为 42.5 Hz 时浆液喷淋图）、如图 3-11 所示（浆液循环泵频率为 47.5 Hz 时浆液喷淋图）浆液循环泵频率为 35 Hz 时，浆液喷淋量少，雾化效果差；随着浆液循环泵频率的增大，浆液喷淋量逐渐增大，雾化效果不断加强，脱硫效果也随之不断增强。因此，要求 AFT 塔 B 浆液循环泵运行频率不能低于 35 Hz。

图 3-9　浆液循环泵频率为 35 Hz 时浆液喷淋图

图 3-10　浆液循环泵频率为 42.5 Hz 时浆液喷淋图

（三）改造效果

AFT 塔 B 浆液循环泵变频改造完成后，对变频性能进行试验。试验期间，要求负荷基本稳定为 250 MW（偏差不超过 10 MW），脱硫运行方式不变（吸收塔 A、B、C 浆液循环

图 3-11 浆液循环泵频率为 47.5 Hz 时浆液喷淋图

泵，AFT 塔 B 浆液循环泵同时运行）、供浆量不变；试验在整点后开始，避免小时浓度均值超标；先将浆液循环泵频率调至 25 Hz，待出口二氧化硫稳定后（此时段二氧化硫将超标）记录脱硫出口二氧化硫浓度值，该值为 5 号浆液循环泵投运前浓度，然后分别调整浆液循环泵频率至 35、37.5、40、42.5、45、47.5、50 Hz，时间间隔为 5 min，并做好相应记录。

1. 脱硫烟气出口排放浓度变化情况

在 250 MW 负荷情况下，保持标准状态下入口硫浓度（5000 mg/m³）与脱硫运行方式（吸收塔 A、B、C 浆液循环泵，AFT 塔 B 浆液循环泵同时运行）基本保持不变，进行连续试验，出口硫均值随浆液循环泵频率变化如图 3-12 所示。

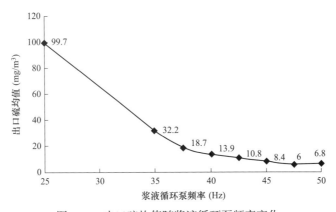

图 3-12 出口硫均值随浆液循环泵频率变化

当浆液循环泵频率由 25 Hz 增加至 35 Hz 时，出口硫均值由 99.7 mg/m³（标准状态下）迅速降至 32.2 mg/m³（标准状态下），此后出口硫浓度随浆液循环泵频率的增大而逐步降低。这验证了当浆液循环泵频率为 25 Hz 时，浆液无法正常喷淋，雾化效果不好；当浆液循环泵频率升至 35 Hz 时，浆液喷淋正常，从而大幅度降低了出口硫浓度；随着变频开度逐步增大，浆液喷淋效果越来越好，出口硫浓度越来越低。

2. 烟道阻力变化情况

当负荷基本保持 250 MW 不变时，5 号浆液循环泵频率若降至 25 Hz，则烟道阻力降低至 1.1 kPa，这是由于浆液无法正常喷淋导致，此时净烟气中的 SO_2 浓度急速升高，排放超标；当浆液循环泵频率升至 35 Hz，烟道阻力为 1.2 kPa，随着频率逐步增加，喷淋效果逐渐变好，烟道阻力逐渐增加，净烟气中 SO_2 浓度随之降低；当 AFT 塔 B 浆液循环泵频率增至 50 Hz 时，烟道阻力为 1.7 kPa，相较频率 35 Hz 时增加了 0.5 kPa。

3. 耗电量分析

浆液循环泵电流随浆液循环泵频率变化关系如图 3-13 所示。

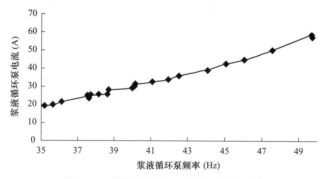

图 3-13 浆液循环泵电流随频率关系图

浆液循环泵耗电量随变频器开度关系如图 3-14 所示。浆液循环泵频率由 35 Hz 增大至 50 Hz 时，浆液循环泵的电流增加了 38.37 A，浆液循环泵每小时耗电量增加了 393.52 kWh。因此，在保证标准状态下出口 SO_2 满足超低排放标准（即低于 35 mg/m^3）情况下，通过浆液循环泵的变频调整可以达到节能的目的。

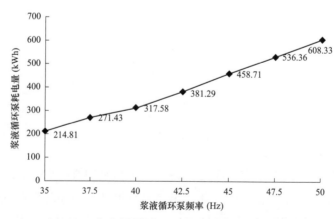

图 3-14 浆液循环泵耗电量随变频器开度关系图

综合以上分析，AFT 塔 B 浆液循环泵变频改造后，节电收益主要来自两部分：一部分来自烟道阻力降低，导致引风机出力降低，从而减少引风机厂用电率。AFT 塔 B 浆液循环泵变频改造后，烟道阻力最多可降低 0.5 kPa，相应降低引风机厂用电率 0.083%，即引风机年均最多可节约 1666.23 MWh，年均节能收益 54.15 万元。另一部分来自 AFT 塔 B 浆液循环泵变频节约的电能。AFT 塔 B 浆液循环泵变频改造后年均最多可节能 3447.24 MWh，年均节能收益 112.04 万元。综上所述，AFT 塔 B 浆液循环泵变频改造后年均最多可节约成本 166.19 万元。

案例三　2×600 MW 机组 1000 kW 浆液循环泵永磁调速改造

（一）项目概况

某电厂 2 号脱硫系统 B 吸收塔浆液循环泵常年运行时间在 5000 h 以上，且无法对浆液流量进行调节，运行时出口阀为全开状态，只能根据燃煤含硫量和粉尘状况，通过启停浆液循环泵来调节出口 SO_2 含量。泵组频繁启动，不仅控制精度受到限制，而且还造成大量的能源浪费和设备损耗。电厂于 2017 年 7 月和 2020 年 1 月分别对 2 号和 1 号脱硫系统的 B 吸收塔浆液循环泵进行了永磁调速改造，在电动机和泵体之间加装了永磁调速器。

（二）改造方案

1. 永磁调速方案的选择

永磁调速器是通过气隙传递转矩的传动设备，电动机与负载设备转轴之间无须机械连接，电动机旋转时带动导磁盘在装有强力稀土磁铁的磁盘所产生的强磁场中切割磁力线，因而在导磁盘中产生涡电流。该涡电流在导磁盘上产生感应磁场，拉动导磁盘与磁盘的相对运动，从而实现了电动机与负载之间的转矩传输。永磁调速原理示意图如图 3-15 所示，永磁调速器的气隙调整示意图如图 3-16 所示。

图 3-15　永磁调速原理示意图

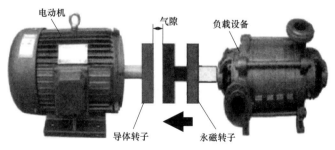

图 3-16　永磁调速器的气隙调整示意图

与变频改造方案相比较，永磁调速有个较为突出的特点，永磁调速装置安装在电动机与载荷之间，通过磁场传递转矩，这使得电动机与载荷之间属于柔性连接，避免了振动传递；永磁调速装置运行过程中，电动机与负载不会产生共振，负载所受冲击载荷对电动机不会造成负面影响；同时，柔性连接允许电动机与负载间的同轴度可以有一定误差，这对转动设备找中心的要求降低。

永磁调速的节能效果与变频调速相比孰优孰劣，从节能原理以及实际使用效果来看，变频的节能效果好于永磁，但考虑到安装成本以及后期维护成本，应从设备全寿命周期角度来计算年化费用成本。本项目经过对寿命周期费用的测算，综合考虑选择了永磁方案。

改造前设备整体参数见表 3-3。

表 3-3　　　　　　　　　　　　改造前设备整体参数

电动机参数		水泵参数		永磁调速器	
电动机型号	YKK560-4	水泵型号	800DT-A90	型号	WF-TW850
额定功率（kW）	1000	水泵类型	卧式	额定扭矩（N·m）	10696
额定电压（kV）	10	额定流量（t/h）	9900	最大扭矩（N·m）	16044
额定电流（A）	68.6	额定压力（m）	25.4	适配功率（kW）	1000～1400
额定转速（r/min）	1489	轴功率（kW）	1000	适配转速（r/min）	450～1500
电动机效率 η		配用功率（kW）	1000	调节精度（%）	1
功率因数 $\cos\phi$	0.89				

2. 改造过程

将 2 号吸收塔浆液循环泵的基础向后延长 800 mm，延伸基础四周做钢筋笼，并同原有基础内部钢筋焊接，然后整体浇筑；拆除原来电动机与减速机的钢结构底座，重新设计新的底座（电动机 + 永磁 + 减速机），新底座按原来的底座下降 80 mm，同时地脚孔周围加装顶丝，方便对中调整。

电气方面，为永磁调速器配套执行器提供 1 路 380 V 电源，功率 0.75 kW，配套 4×1.5 mm² 动力电源线接入就地端子箱，电缆长度 150 m。由于动力房无中性线，在现场加装了容量为 500 VA 的 380 V 转 220 V 隔离变压器。

热控方面，为永磁调速器配套端子箱，所有测温和测速头汇入就地接线端子箱，接入 DCS 或 PLC 控制操作台；在 DCS 上增加相应的测点并进行画面绘制，对永磁调速的自动模式进行组态。永磁调速系统热控接线示意图如图 3-17 所示。

（三）改造效果

永磁调速器改造投运以来设备可靠性较高，未发生较大缺陷，日常维护量较小；运行调整灵活，能够很好地适应主机自动发电控制（automatic generation control，AGC）运

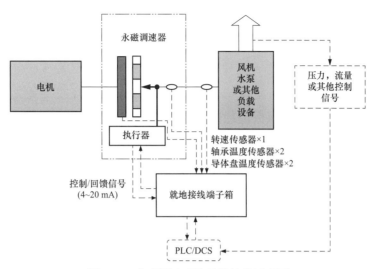

图 3-17 永磁调速系统热控接线示意图

行方式，有效避免了浆液循环泵频繁启停；节能效果显著，永磁调速器开度从 100% 调整 50% 运行时，1 号脱硫系统 B 吸收塔浆液循环泵电流下降 17.3 A，2 号脱硫系统 B 吸收塔浆液循环泵电流下降 10.36 A。1、2 号机组的两台浆液循环泵分别进行永磁调速改造后，经过几个月的运行，对节能效果进行了测算，具体情况分别见表 3-4 和表 3-5。

表 3-4　　　　　　　　　　 **1 号脱硫系统 B 吸收塔浆液循环泵节能情况**

工况	执行器开度（%）	泵转速（r/min）	电动机电流（A）		节能率（%）	时间占比	节约电流（A）	小时节电（kW）
			改造前	改造后				
工况 1	50	1200	55	37.7	31.45	2/3	17.3	266.7
工况 2	100	1466		50.6	8.00	1/3	4.4	67.8
合计					23.64			

表 3-5　　　　　　　　　　 **2 号脱硫系统 B 吸收塔浆液循环泵节能情况**

工况	执行器开度（%）	泵转速（r/min）	电动机电流（A）		节能率（%）	时间占比	节约电流（A）	小时节电（kW）
			改造前	改造后				
工况 1	50	1226	46	35.64	22.5	2/3	10.36	182.1
工况 2	100	1445		45.22	1.7	1/3	0.78	9.6
合计					15.58			

通过测算，两台泵平均每年节约电量 70 万 kWh，按照 0.4 元 /kWh 计算，每月节省电费 29 万元。项目改造总的投资为 90 万元，预计 3 年可以收回投资成本。

（四）注意事项

（1）机组高负荷时，永磁调速器控制投入自动模式后，开度会随着净烟气二氧化硫浓度不断地进行调整，而此时需要浆液循环泵保持满出力运行，以此来确保吸收塔 pH 控制在规定范围内；同时避免吸收塔供浆过剩，此时需将永磁调速器退出自动模式，切换手动模式调整输出永磁开度至 100%。

（2）永磁调速器开度由高往低调节时，考虑到叶轮转速下降速度太快，会造成浆液循环泵管道内高处浆液对浆液循环泵的冲击，严重时可造成浆液循环泵倒转。鉴于以上情况考虑，厂家要求永磁开度由高往低调节时为每分钟调节 1% 开度的速率，开度从 100% 降到 50% 需要近 50 min。永磁调速器开度由低往高调节时不受限制，在短时间内可完成调节，在低负荷和深度调峰时永磁调速器投入自动模式后，在净烟气二氧化硫达到 30 mg/m³（标准状态下）时永磁调速器开度以较快的速度从 50% 调节至 100%，当净烟气二氧化硫下降至 20 mg/m³（标准状态下）时永磁调速器开度需要近 50 min 才能从 100% 降到 50%，为了避免低负荷和深度调峰时永磁调速器频繁地进行调节，需要退出自动运行模式，切换手动模式调节频率，确保节能效果。

（3）鉴于永磁调速器自动模式调节效果较差，计划对永磁调速器自动模式进行修改。根据主机负荷设定净烟气二氧化硫浓度，永磁调速器根据净烟气中二氧化硫浓度设定值和实际净烟气中二氧化硫浓度偏差进行调节，以此来控制永磁调速器自动调节范围，确保自动投入率达标。

案例四　2×660 MW 机组 800 kW 浆液循环泵永磁调速改造

（一）项目概况

某公司 2×660 MW 机组脱硫系统采用石灰石‐石膏湿法烟气脱硫工艺，1 号脱硫系统于 2015 年完成 168 h 试运工作并正常投运，采用单塔单循环工艺路线，设计硫分 0.8%，脱硫效率 95%，脱硫系统设计入口二氧化硫浓度 1632 mg/m³（标准状态下），出口二氧化硫浓度不高于 35 mg/m³（标准状态下）。

1 号脱硫吸收塔配置 4 台浆液循环泵。当脱硫入口烟气 SO_2 浓度和机组负荷变化范围较大时，通过启停浆液循环泵来调节，在达标排放的同时达到节能降耗的目的；当机组负荷较低或燃用低硫煤种时，脱硫入口硫分低于 1000 mg/m³，为保证机组安全运行，防止当仅有一台浆液循环泵运行时跳闸造成主机非正常停运，必须依然保持两台浆液循环泵运行，出口硫分低至 10 mg/m³（标准状态下）以下，这种运行方式经济较差。为了节能降耗，降低成本，公司计划对浆液循环泵进行节能改造。

（二）改造方案

经过研究，公司计划对 1 号脱硫系统 C 浆液循环泵进行节能改造工作，通过加装永磁装置来改变脱硫 1 号脱硫系统 C 浆液循环泵减速机输入转速，从而降低浆液循环泵的转数和扬程，实现对浆液流量的调节，从而更加高效、合理地利用浆液循环泵。改造工期在 1 号机组检修期间进行，施工分为两部分，其一是将电动机的混凝土基础向非驱动端延长

900 mm，从 2020 年 12 月 29 日开始施工到 2021 年 1 月 2 日结束工期用时 5 天；其二为永磁设备的就位、安装与调试，从 2021 年 1 月 19 日开始到 2021 年 1 月 25 日结束工期用时 7 天，合计施工工期约 12 天。

1. 改造前系统基本情况

吸收塔运行参数：

吸收塔液位：8.0 m（±0.5 m）。

吸收塔密度：1080～1150 kg/m³。

吸收塔运行时理想控制值范围为 4.5～5.5。

1 号脱硫系统 C 浆液循环泵及永磁装置额定参数见表 3-6。

表 3-6　　　　　　　1 号脱硫系统 C 浆液循环泵及永磁装置额定参数

设备名称	规范参数			
1 号脱硫系统 C 浆液循环泵	型号	700DT-A90	台数	1
	扬程	22.2 m	电动机型号	YXKK500-4
	流量	7700 m³/h	功率	800 kW
	运行压力	1.0 MPa	电流	55.5 A
	电动机质量	4920 kg	转速	1493 r/min
	绝缘等级	F	功率因数	0.87
永磁装置	主设备型号	ZCSW-15-70		
	水冷却系统型号	SXH-B-01		
	适配电动机功率	800 kW		
	适配电动机转速	1493 r/min		
	效率	＞96%		
	调节精度	≤1%		
	响应时间	≤1s		
	噪声	＜80 dB		
	调节范围（执行器开度）	60%～100%		
	额定扭矩	6588 N·m		
	冷却方式	水冷		

改造前 1 号脱硫系统 C 浆液循环泵未加装永磁装置，运行电流为 40 A 左右，浆液循环泵出口压力一般在 0.2 MPa 左右。

2. 改造过程

机务方面，将 1 号脱硫系统 C 浆液循环泵减速机与泵体之间的膜片联轴器去掉，减速机前移 600 mm，电动机连同基础后移 900 mm，在电动机与减速机之间安装永磁涡流柔性传动调速装置；在 1 号浆液循环泵疏放小间的 1 号脱硫系统 B、C 浆液循环泵入口管道之间放置永磁调速器的水冷系统，挖坑洞后焊接考登钢坑槽，水冷系统拆解后放入考登钢坑槽，满足永磁设备零压回水要求，地坑加装排污泵，加装过桥梯方便检修人员通过；由于电动机与减速机共用一个金属基础，将减速机基座部分锯开，电动机部分后移 900 mm，重新制作减速机金属基座，用钢板焊接。

电气方面，永磁调速器就地设置电源控制箱，接入两路 380 V 电源，分别取自脱硫工艺楼 6 楼低压配电室 0.4 kV PC Ⅱ 段与 0.4 kV PC Ⅰ 段，需要 2 根型号 ZR-YJV 5×4.0 电缆共 400 m；从就地控制箱到水泵与执行机构各接入 3 根电缆，型号 ZR-YJV 3×2.5，共 30 m。

热控方面，脱硫 1 号脱硫系统 C 浆液循环泵永磁设备就地控制箱到 DCS 控制柜各接入 7 路电缆，电缆型号 ZR-kVVP 10×1.0，7 根共 1400 m。从就地控制箱到各测点接入 15 根电缆，型号 ZR-kVVP 4×1.0，15 根共 150 m。脱硫 1 号脱硫系统 C 浆液泵永磁改造新增 23 个 DCS 点位，其中温度传感器 9 个 RTD 点位，用于监测轴承温度、油箱温度、回水温度（3 取 2）；转数变送器 1 个 AI 点位，用于监测负载转速；电动执行机构 1 个 AI 和 1 个 AO 点位，用于执行机构开度反馈与给定；流量计 2 个 AI 点位，用于监测冷却水流量；液位计 1 个 AI 点位，用于监测水箱液位；循环水泵新增 4 个 DI、4 个 DO 点位，用于监测循环水泵的状态和启停。

3. 改造后调试

（1）现场试验过程中，浆液喷淋情况分别如图 3-18 和图 3-19 所示。

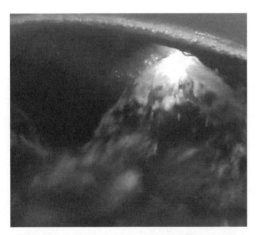
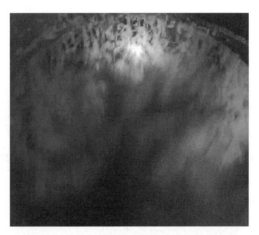

图 3-18　执行机构开度 45% 浆液喷淋情况　　　图 3-19　执行机构开度 55% 浆液喷淋情况

执行机构开度 45%，转速 1050 r/min 时，浆液无法正常喷淋；执行机构开度 55%，转速 1200 r/min 时，达到正常喷淋效果，因此运行中永磁调速器最低开度设定在 55%。

（2）1 号脱硫系统 C 浆液循环泵永磁调速改造不带负荷进行调试，永磁调节器在不同开度下的喷淋情况和泵运行参数见表 3-7。

表 3-7 永磁调节器在不同开度下的喷淋情况和泵运行参数

永磁执行器开度（%）	输出端转速（r/min）	运行电流（A）	喷淋情况	监测点
45	1050	22.2	喷淋不稳定、未全覆盖	温度、振动正常
50	1110	23.4	全覆盖、雾化效果一般	温度、振动正常
55	1200	28.3	全覆盖，雾化效果良好	温度、振动正常
60	1278	30.4	全覆盖，雾化效果良好	温度、振动正常
70	1354	33.8	全覆盖、雾化效果优	温度、振动正常
80	1405	36.7	全覆盖、雾化效果优	温度、振动正常
90	1430	38.3	全覆盖、雾化效果优	温度、振动正常
100	1450	38.4	全覆盖、雾化效果优	温度、振动正常

由表 3-7 可以看出，在满足脱硫出口环保参数要求的情况下，随着执行机构开度不断降低，浆液循环泵出口压力不断降低，浆液循环泵电动机电流逐渐减小，浆液循环泵出力依次下降，节能降耗效果较明显。

（三）改造效果

1. 改造后 1、2 号机组参数对比

1 号脱硫系统 C 浆液循环泵永磁改造后，1 号机组采用 A 浆液循环泵 +C 浆液循环泵或 C 浆液循环泵 +D 浆液循环泵的运行方式，C 浆液循环泵通过永磁调速来调节出口 SO_2 浓度；2 号机组采用传统的运行方式，通过泵的启停控制出口 SO_2 浓度。在同一时间、同等工况下，两台机组在 300、500、620 MW 负荷下的对比情况分别见表 3-8。

表 3-8 不同负荷下 1、2 号机组吸收塔运行参数

300 MW 运行参数					
机组	运行电流（A）				标准状态下出口净烟气 SO_2 浓度（mg/m³）	备注
	A	B	C	D		
1 号			31.5	35.2	16.7	
2 号			40.8	36.5	7.9	
环比（%）			22.8			

500 MW 运行参数					
机组	运行电流（A）				标准状态下出口净烟气 SO_2 浓度（mg/m³）	备注
	A	B	C	D		
1 号	43.1		32.4		18.7	
2 号	45.4			36.5	13.5	
⋮						

续表

机组	620 MW 运行参数				标准状态下出口净烟气 SO_2 浓度（mg/m³）	备注
	运行电流（A）					
	A	B	C	D		
1 号	43.1		33.98		19.9	
2 号	45.4		40.8		12.9	
环比（%）			16.7			

由于燃烧低硫煤，高负荷下运行两台浆液循环泵即可满足脱硫环保指标，该工况下永磁调速节能空间相对受限。对比 1 号机组与 2 号机组同等工况下，净烟气 SO_2 浓度随 1 号机组 C 浆液循环泵转速降低，指标平均上升 7 mg/m³（标准状态下），500 MW 负荷时，1 号机组 A 泵加 C 浆液循环泵调速运行较 2 号机组 A 浆液循环泵加 D 浆液循环泵运行总耗电量低，避免了 2 号机频繁切换 C 浆液循环泵或 D 浆液循环泵运行的方式，调节更灵活，运行方式更节能。

2. 1 号脱硫系统 C 浆液循环泵改造前后对比

永磁节能改造前 1 号脱硫系统 C 浆液循环泵日均耗电量约 15200 kWh。改造后查电量表统计对比情况，2 月整月 1 号脱硫系统 C 浆液循环泵运行 22 天，耗电 264340 kWh，日均耗电量 12015 kWh，日均节约电耗 3185 kWh，节约电耗 21%。

1 号脱硫系统 C 浆液循环泵 3 月 1～3 日运行电耗进行统计见表 3-9。

表 3-9　　　　　　　　　1 号脱硫系统 C 浆液循环泵 3 月 1～3 日运行电耗

序号	设备名称	运行时间	调速改造前日均耗电量（kWh）	调速改造后日耗电量（kWh）	日节约电耗（kWh）	节约电耗占比（%）	备注
1	1 号脱硫系统 C 浆液循环泵	2021 年 3 月 1 日	15200	11540	3660	24	A 泵、C 泵运行
2	1 号脱硫系统 C 浆液循环泵	2021 年 3 月 2 日	15200	11850	3350	22	0～10 时 A 泵、C 泵运行；10～24 时 C 泵、D 泵运行
3	1 号脱硫系统 C 浆液循环泵	2021 年 3 月 3 日	15200	12110	3090	20.3	C 泵、D 泵运行
	平均		15200	11833	3367	22.1	

永磁设备投运初期，运行人员对浆液循环泵调速较为保守，随着操作逐渐熟练，在脱硫整个系统综合节能的前提下，1 号脱硫系统 C 浆液循环泵节电率稳定在 22% 左右；设备改造后，由于燃烧煤种的缘故，原烟气 SO_2 浓度较理想，启动两台泵即可满足脱硫环保要

求；后来煤种进行了调整，燃用高硫煤，在夏季发电负荷高时，必须启动 3 台泵或 4 台泵运行，C 浆液循环泵永磁调速灵活的优势充分发挥出来，而且节能量高达 24%。

1 号脱硫系统 C 浆液循环泵每年运行时间约 5000 h，节电率按 22% 计算，每年可节省电耗约 72 万 kWh，按结算电价 0.22 元 /kWh 计算，每年可节约电费约 15.8 万元。项目改造的投资额为 48 万元，预计 3 年可以收回投资成本。

综合以上分析，1 号脱硫系统 C 浆液循环泵经过永磁调速改造后，能更好地适应机组不同工况，出口 SO_2 浓度控制更为灵活，避免了频繁启停泵操作；在燃烧低硫煤时，大幅减少了脱硫净烟气 SO_2 浓度降到 0 的情况，避免了环保问责及考核；同时，永磁调速装置隔离了电动机和泵体之间的振动，延长了脱硫浆液循环泵系统的寿命；永磁改造后 1 号脱硫系统 C 浆液循环泵节能效果显著，按正常工况估算，综合节电率 22%，每年可节约电量 72 万 kWh，节约电费 15.8 万元。

二、优化改造

案例 浆液循环泵入口滤网设计优化改造

（一）项目概况

某电厂 2×1000 MW 工程 6、7 号机组采用石灰石－石膏湿法烟气脱硫工艺，无烟气旁路，设计脱硫效率 95%，每台炉配置 1 座喷淋式吸收塔，吸收塔内衬橡胶防腐；每座吸收塔设置 4 台浆液循环泵，分别为 4 层喷淋层提供循环浆液。6、7 号机组分别于 2015 年 3 月和 11 月投产。

每套原滤网由两套网板组合而成，固定在吸收塔内壁滤网框架上，呈三角状；滤网网板材质为 FRP（玻璃钢），单块网板规格 1200（长，mm）×3210（高，mm），厚度 40 mm，网孔为 19 mm×19 mm 的方孔，采用整体冲压成型。滤网外形图与网孔（优化前）如图 3-20 所示。

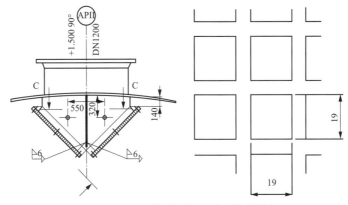

图 3-20 滤网外形图与网孔（优化前）

自机组投产以来不到 1 年时间，滤网运行和检修中发现主要问题有：

（1）滤网磨损快，出现脱层、裂纹和缺口，如图 3-21 所示。

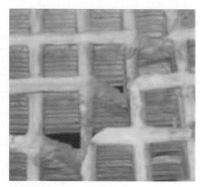

图 3-21　滤网磨损

（2）滤网易发生堵塞，特别是底部网孔出现结垢，几乎全部堵塞（滤网堵塞如图 3-22 所示）。

（3）浆液循环泵运行中存在明显的汽蚀现象，检查叶轮叶片有汽蚀坑，如图 3-23 所示。

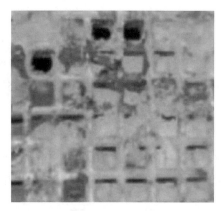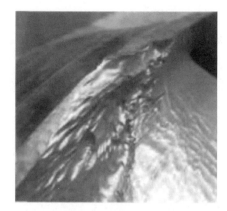

图 3-22　滤网堵塞　　　　　　　　　　图 3-23　叶轮叶片汽蚀坑

浆液循环泵入口滤网一旦出现问题，不但不能起到保护浆液循环泵、衬里管道、喷淋层的作用，反而会导致整个系统的运行工况恶化，引起设备损坏，带来一连串连锁效应，威胁系统和机组安全运行。

（二）原因分析

通过对国内 300～1000 MW 机组同类型脱硫系统的调研，发现使用纤维增强复合材料（fiber reinforced polymer/plastic，FRP）制作的滤网普遍存在堵塞严重、磨损快的问题，部分工程出现滤网局部破裂甚至整体脱落、破碎。主要原因有：

（1）FRP 材质滤网为保证整体强度，必须达到一定厚度，比如 6、7 号机组原滤网厚度达到 40 mm。由于网板厚度大，使浆液通过阻力大；且网孔处容易沉积浆液。特别是当泵处于停运备用状态，局部浆液出现石膏沉积，较厚重的通孔就极易形成沉积结垢，将网孔堵死。

（2）FRP 材质耐磨性能不足。由于浆液循环泵流量大，介质是含石膏晶体的固液两相流，对网孔的磨损剧烈；当局部网孔发生堵塞时，流速上升，使网板局部磨损加剧。

（3）FRP 滤网质量差，制造工艺不良。FRP 网板成型打孔工艺选择不当，直接决定了滤网的整体强度较差。

（4）滤网结构设计存在问题。如果滤网结构或固定方式存在缺陷，滤网整体强度不足，滤网将发生脱落。

（三）改造方案

从浆液循环泵入口滤网失效的原因分析和调研情况来看，滤网优化的方向是提高滤网的强度，在保证过滤功能的前提下提高滤网的通过性能，避免结垢和减少堵塞情况。主要在滤网材质、结构、孔径选择和固定方式 4 个方面进行优化改造。

1. 滤网材质的优化

受到施工工艺、人员、原材料、环境等因素的影响，FRP 网板的质量难以控制。选用合金材质，可以避免上述问题，保证滤网强度，防止滤网出现破损问题；与 FRP 滤网相比，大幅降低网板厚度，减小浆液通过阻力，减少网孔结垢可能性。合金材质的选择主要依据耐吸收塔浆液腐蚀和冲刷性能要求。吸收塔浆液设计参数：pH 为 4～6，温度低于 60 ℃，氯离子含量低于 40 g/L。脱硫工程中应用较多的有镍基哈氏合金 C276 和超级奥氏体不锈钢 DIN1.4529，其中 DIN1.4529 有较好的抗点蚀和缝隙腐蚀的性能，满足吸收塔浆液环境的抗腐蚀要求，同时耐浆液冲刷磨损，而价格远低于哈氏合金 C276。因此，滤网网板材质确定为 DIN1.4529，厚度 4 mm（不允许负偏差）。

2. 滤网结构的选择

烟气脱硫浆液循环泵入口滤网的结构主要有半圆柱形、三角形。通过运行情况来看，原三角组合式框架采用碳钢衬胶，相对于半圆柱形滤网结构，网板固定点多，网板受力点分散，其机械强度能够满足滤网固定的要求且有一定优势；半圆柱形滤网截面为半圆形，有流通面积较大的优势。对于本工程来说，采用半圆柱形滤网框架改动量大，框架结构设计和现场施工难度较大且存在一定安全风险，同时改动框架需要增加资金投入，因此，滤网保留原框架结构。

3. 滤网网孔的优化

根据喷淋喷嘴口径、浆液品质等系统设计工况选择网孔型式。在保证截流大颗粒杂质的性能下，尽量提高网板通流面积，可以减少滤网堵塞的发生，缓解浆液循环泵气蚀现象的出现，提高浆液循环泵可靠性。因此，将原方孔改为圆孔，从而改善浆液通过性，减少浆液在孔下缘沉积，避免结垢；网孔按照呈 60° 交错排列（如图 3-24 所示）；网板加工采用整块钢板冲孔制造，加工标准应符合 GB/T 19360—2003《工业用金属穿孔板技术要求和检

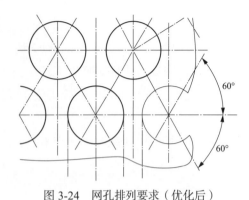

图 3-24　网孔排列要求（优化后）

《验方法》的要求。

吸收塔喷淋层采用 90° 单向实心锥、单向空心锥、双向空心锥三种喷嘴，其流道口径最小值不小于 50 mm；浆液循环泵入口管道与吸收塔接管内径 D 为 1400 mm，浆液设计流量为 10500 m^3/h；按照单台泵对应滤网（2 套网板组合）的有效流通面积（不包含加强筋及滤网框架重合部分）不低于吸收塔接管截面积的 2 倍的要求，经过计算和比较，选择网孔孔径为 25 mm，中心距 30 mm，对应有效通

流面积为 3.77 m^2，倍数为 2.45 倍。

4. 网板固定方式的优化

原滤网网板厚 40 mm，直接用螺栓固定在滤网顶部和左右框架上，每块网板设置有一根斜加强肋（碳钢衬胶）。优化后，网板厚度 4 mm；为保证滤网的强度和抗冲击性能，设置每块网板对应一套整体式压板，整体式压板基本尺寸与滤网框架一致，宽度 100 mm；设置 3 根斜加强肋，2 根水平加强肋，规格 40 mm×40 mm×4 mm；压板与加强肋材质均为 DIN1.4529；压板与网板预装后点焊。紧固件方面：框架螺栓孔位置和规格不变，降低施工安全风险；为方便现场安装，在网板和压板上采用腰形孔；框架背面衬胶侧采用大规格合金圆垫，防止衬胶层被压坏后螺栓出现松动；采用防松垫片；螺栓、螺母材质用 C276。

（四）改造效果

6 号机组安装优化设计后制作的 4 套滤网，于 2017 年 1 月投入运行，至 2018 年 2 月机组小修，共运行约 1 年。运行中监测浆液循环泵电动机电流和振动值稳定，振动值小于 2.8 mm/s（优良）；现场观察液循环泵运行声音，汽蚀现象明显改善，反映出滤网没有明显堵塞，流道通畅。停机检查滤网结构完好，无松动；网孔基本没有结垢、堵塞现象；测量网板厚度与网孔孔径，腐蚀速率小于 0.1 mm/ 年。滤网的设计优化达到预期效果。

传统石灰石－石膏湿法烟气脱硫浆液循环泵入口 FRP 滤网存在强度低、易破损，易引起结垢和堵塞等问题，影响脱硫系统可靠性。通过选用网板材质为 DIN1.4529，网孔型式选用圆孔，并合理选择网孔孔径和布置，改进滤网结构与固定方式的设计优化方案，经约一年的运行实践，解决了原 FRP 滤网存在问题，有效缓解浆液循环泵气蚀，保证了浆液循环量和浆液喷淋效果，确保脱硫系统稳定运行和机组达标排放。

第二节　故障处理案例

案例一　吸收塔浆液循环泵减速机冷油器管束泄漏

（一）故障概况

某电厂 2×350 MW 燃煤机组，脱硫采用 1 炉 1 塔配置，吸收塔喷淋层采用"4+2"方式设置，即设置 4 台吸收塔浆液循环泵和 2 台 AFT 塔浆液循环泵，浆液循环泵采用金属离心泵，减速机冷油器采用管束外镶嵌散热片式冷油器。

2022 年 3 月 6 日 17:25，1 号机组负荷 221 MW，脱硫装置入口二氧化硫浓度 736 mg/m³（标准状态下），出口二氧化硫浓度 1.04 mg/m³（标准状态下）。1 号吸收塔 B、C 浆液循环泵及 1 号 AFT 塔 A 浆液循环泵运行，18:33，巡检人员就地检查 1 号吸收塔 B 浆液循环泵运行情况，发现 1 号吸收塔 B 浆液循环泵的减速机观察口通气帽处有齿轮油流出，按下事故按钮停运 1 号吸收塔 B 浆液循环泵。

（二）原因分析

检修人员对 1 号吸收塔 B 浆液循环泵减速机解体检查，发现齿轮箱进水且齿轮油乳化；随后对减速机冷油器进行解体拆卸，由于减速机冷油器出厂时由机器一次压装，只能进行破坏性拆卸；对冷油器管束内部进行注水，发现其中 2 根管有明显泄漏点，未发现冷油器管束、隔板等腐蚀痕迹。冷油器管束漏点位置如图 3-25 所示。

化验浆液循环泵减速机冷却水质：Cl⁻ 332 mg/L；润滑油酸度 0.527 mg KOH/g。减速机冷油器管束材质为紫铜管，允许冷却水氯离子含量标准值小于或等于 400 mg/L，短期不大于 800 mg/L；齿轮油酸值应小于或等于 0.8 mg KOH/g。由此确定工艺水和润滑油酸度在管束正常运行允许范围内。

冷油器管束长 340 mm，共有 5 处隔板。管束泄漏点为冷却器进水侧第二个隔板根部，同时还发现冷油器管束存在变形破损情况。由于减速机油泵进、出口油管道为金属硬质连接管道，油泵至冷油器的入口油管与减速机本体无固定装置，因此判断管束变形的现象是在制造过程中铜管管束穿入隔板时受外力挤压造成的。冷油器管束漏点处变形泄漏如图 3-26 所示。

在设备运行期间，齿轮润滑油泵固定在减速机壳体外部，通过销轴联轴器与减速机高速轴形成连接高速转动，将齿轮油输送至冷油器冷却后进入减速机齿轮箱油管喷嘴，喷射至减速机高、低速齿轮之间形成润滑。在齿轮油流动过程中，油泵、油管、冷油器都会产生振动，振动造成变形的管束与隔板处发生摩擦，引起管束减薄破损。同型号减速机在运设备齿轮油泵、油管路及减速机振动值具体见表 3-10 和表 3-11。

图 3-25　冷油器管束漏点位置

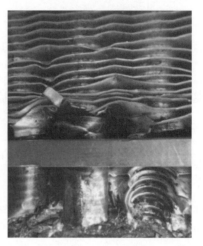

图 3-26　冷油器管束漏点处变形泄漏

表 3-10　　　　　1 号吸收塔 B、1 号 AFT 塔 A 浆液循环泵油泵及其附属设备振动值　　　　　mm

设备名称	油管路振动值	冷油器振动值			回油管振动值	轴端泵轴向振动值
		进油侧	中间位	出口侧		
1 号吸收塔 B 浆液循环泵	0.149	0.22	0.17	0.20	0.26	0.155
1 号 AFT 塔 A 浆液循环泵	0.170	0.27	0.20	0.22	0.33	0.153

表 3-11　　　　　1 号吸收塔 B、1 号 AFT 塔 A 浆液循环泵减速机振动值　　　　　mm

设备名称	减速机高速端振动值			减速机低速端振动值		
	轴向	水平	垂直	轴向	水平	垂直
1 号吸收塔 B 浆液循环泵	0.017	0.018	0.016	0.020	0.023	0.021
1 号 AFT 塔 A 浆液循环泵	0.022	0.024	0.025	0.021	0.022	0.023

根据以上分析，冷油器泄漏的主要原因是冷油器在制造过程中存在管束变形的情况，导致管束与隔板配合变大，齿轮油泵、油管路以及冷油器的振动造成管束变形位置与隔板摩擦，导致冷油器泄漏，减速机进水。

（三）处理措施

（1）对 1 号吸收塔 B 浆液循环泵减速机进行解体检查，对齿轮箱进行清理，对轴承、冷油器进行检查，必要时进行更换。

（2）举一反三，对同类型的减速机轴端泵供回油管路进行改造，由金属硬质油管路改为高压橡胶软管，消除油管振动造成的冷油器共振现象，同时更换管束材质为 316 L 不锈钢冷油器管，防止冷却水中的氯离子和润滑油中的酸值对设备腐蚀。

（3）将油泵及其硬连接的附属设备列入振动监督工作范围，同时排查技术监督工作是否存在其他漏项问题。

（4）定期对减速机齿轮油含水率进行检测，通过含水率变化判断冷油器管束是否存在渗漏。

（5）运行人员加强就地浆液循环泵及减速机测温、测振及油质油位检查工作，严格落实执行。

案例二 吸收塔浆液循环泵减速机联轴器连接螺栓断裂

（一）故障概况

某电厂 4×600 MW 燃煤机组，脱硫采用 1 炉 1 塔配置，吸收塔喷淋层采用"4+2"方式设置，即设置 4 台吸收塔浆液循环泵和 2 台 AFT 塔浆液循环泵，浆液循环泵采用减速机方式传动，电动机与减速机、减速机与泵体采用联轴器加金属减震膜片连接。

2020 年 3 月 5 日，3 号机组负荷 510 MW，脱硫效率 99.1%，原烟气 SO_2 浓度 1332 mg/m³（标准状态下），净烟气 SO_2 浓度 12.9 mg/m³（标准状态下），浆液循环泵运行方式"2+2"（3 号脱硫系统 A、D 吸收塔浆液循环泵运行，3 号脱硫系统 AFT 塔 A、B 浆液循环泵运行）；运行过程中 3 号脱硫系统 A 吸收塔浆液循环泵电流由 85 A 突降至 23 A，出口压力 0.14 MPa 突降至 0 MPa；调取 3 号脱硫系统 A 浆液循环泵电动机轴承、浆液循环泵轴承、减速机轴承温度历史曲线均在正常范围，停运 3 号脱硫系统 A 吸收塔浆液循环泵，启动 3 C 备用泵。

（二）原因分析

（1）对 3 号脱硫系统 A 浆液循环泵进行就地检查，发现电动机与减速机间联轴器联轴器螺栓断裂，膜片损坏（如图 3-27 所示）。根据螺栓断口观察，3 根螺栓存在质量缺陷，长时间运行和浆液循环泵的启停导致缺陷扩大，运行中发生断裂。这导致减速机和电动机的振动值瞬间变大，电动机与减速机间产生较大扭矩，剩余 5 条螺栓受力不均，在旋转剪切力作用下发生断裂，联轴器螺栓断裂后同时膜片发生变形损坏脱出，最终导致了浆液循环泵电流、出口压力突降，被迫停运。

（2）本次故障反映出生产人员的技术监督工作不到位，设备停运检修期间未对联轴器联轴器螺栓进行探伤检查，未及时发现联轴器螺栓存在质量问题，导致设备运行中存在巨大隐患，最终隐患爆发造成被迫停运。

（三）处理措施

（1）在设备停运期间对浆液循环泵联轴器螺栓进行探伤检查，确保无裂纹等质量缺陷。

（2）检查复核浆液循环泵联轴器中心是否在规定范围内，避免中心偏离，设备振动，造成联轴器膜片损坏、螺栓断裂；同时加强日常振动监督，确保设备健康、稳定运行。

图 3-27　断裂的螺栓及损坏的联轴器膜片

（3）严把备品配件入厂质量关，确保采购备品配件规格型号等符合设备使用要求，确保设备装配的备品配件无质量缺陷等。

案例三　AFT 塔浆液循环泵壳体开裂

（一）故障概况

某电厂 2×660 MW 机组采用石灰石－石膏湿法脱硫技术，脱硫超低排放改造工程于 2015 年 1 月与 2015 年 6 月完成，改造工程采用单塔双循环工艺，每台脱硫新增 3 台 AFT 塔浆液循环泵，型号：900DT-F110。由于制造质量问题，2 号脱硫系统 AFT 塔 A、B、C 浆液循环泵，1 号脱硫系统 AFT 塔 B 浆液循环泵相继发生泵壳开裂现象，泵壳材质采用高铬合金。问题具体如下：

2 号脱硫系统 AFT 塔 A 浆液循环泵在运行中发开裂现象，大量浆液流出（2 号脱硫系统 AFT 塔 A 浆液循环泵开裂如图 3-28 所示）；裂纹沿着泵壳蜗壳入口处的环向弯折位置裂开，裂纹长度约 1 m，属于脆性断裂；怀疑有外力冲击，诱发内部产生裂纹，运行过程中裂纹扩大。

2 号脱硫系统 AFT 塔 B、C 浆液循环泵在泵体表面有渗漏现象（2 号脱硫系统 AFT 塔 B 浆液循环泵裂纹及外表面渗漏情况如图 3-29 所示、2 号脱硫系统 AFT 塔 C 浆液循环泵裂纹及外表面渗漏情况如图 3-30 所示）；渗漏的位置在蜗壳后泵出口连接的位置入口方向，C 泵渗漏得相对 B 泵严重一些；从内表面看，C 泵的裂纹比 B 泵的裂纹长一些。

1 号脱硫系统 AFT 塔 B 浆液循环泵裂纹位置在蜗壳入口下部的位置，开裂方向沿蜗壳径向朝下（1 号脱硫系统 AFT 塔 B 浆液循环泵裂纹位置及渗漏情况如图 3-31 所示）。

（二）原因分析

（1）分析 4 台泵的开裂及渗漏情况，从浆液循环泵出口的断裂处来看，断层处存在细

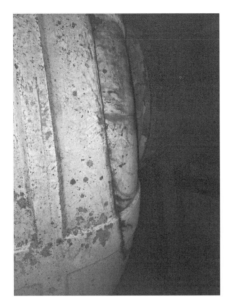

图 3-28　2 号脱硫系统 AFT 塔 A 浆液循环泵开裂

图 3-29　2 号脱硫系统 AFT 塔 B 浆液循环泵裂纹及外表面渗漏情况

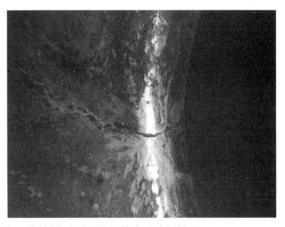

图 3-30　2 号脱硫系统 AFT 塔 C 浆液循环泵裂纹及外表面渗漏情况

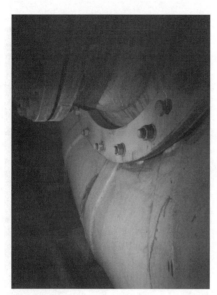

图3-31 1号脱硫系统 AFT 塔 B 浆液循环泵裂纹位置及渗漏情况

微杂质和气孔，说明杂质在铸造过程中就已经存在，杂质的存在降低了铸件的强度和刚性。另外浆液循环泵启动前开入口阀或停泵后浆液回流冲击，会导致泵反转；反转及浆液冲击使泵受到剧烈的振动，振动造成泵壳在铸造缺陷薄弱处开裂。因此需要厂家加强对车间铸造工艺的控制以及射线检查。

（2）浆液循环泵也有可能在运输、搬运、安装过程中受外力撞击，导致铸造质量薄弱点受损，形成隐秘细微裂纹；设备投运后，经过浆液冲击、振动等造成裂纹扩大。

（三）处理措施

（1）修订同类型泵的采购技术协议，完善技术要求及标准。

（2）严把设备入厂验收关，特殊材质进行金相分析，确保材质与要求相符，同时进行探伤检测，确保设备无暗伤等缺陷。

（3）规范安装、运输、搬运过程，在安装、运输、搬运过程中对设备进行严格的防护，避免碰撞、跌落等造成设备损伤。

案例四 吸收塔浆液循环泵因叶轮固定螺栓断裂被迫停运

（一）故障概况

某电厂 2×660 MW 机组采用石灰石－石膏湿法脱硫技术，浆液循环泵采用金属离心泵，2021年1月24日，1号机组负荷494 MW，入口 SO_2 浓度为453 mg/m³（标准状态下），出口 SO_2 浓度为11 mg/m³（标准状态下）；脱硫装置1号脱硫系统 B 吸收塔浆液循环泵与1号 AFT 塔 A 浆液循环泵运行；一台吸收塔浆液循环泵在运行过程中电流由82.9 A 突升至120～140 A 之间；经检查，浆液循环泵叶轮固定螺栓断裂，导致叶轮前移卡涩，设备被迫停运。

　　1 号脱硫系统 B 吸收塔浆液循环泵运行过程中电流（额定电流 102 A）由 82.9 A 突升至 120～140 A 波动，电动机线圈温度由 61 ℃上升至 69 ℃，泵组与减速机温度测点无明显变化，1 号吸收塔液位 9.8 m 较之前无明显变化；电热检修人员检查 1 号脱硫系统 B 浆液循环泵电流测点无异常，配电柜面板显示"过负荷报警"，DCS 显示电流为真实电流；机务检修人员对浆液循环泵手动盘车，发现 1 号脱硫系统 B 浆液循环泵盘车困难，需要对泵体进行解体检查；解体后，发现浆液循环泵叶轮锁紧螺栓断裂，造成叶轮与轴承箱间隙增大，叶轮摩擦泵入口口环，引起 1 号脱硫系统 B 浆液循环泵电流增大。

（二）原因分析

（1）测量叶轮轴径及键槽和键的宽度，叶轮内径和轴径为 180 mm，键槽和键的宽度为 40 mm，基本排除由于叶轮与轴、键槽与键匹配间隙过大造成的晃动引发螺栓断裂的可能性。

（2）测量轴窜量，正负均在 3 丝以内，基本排除轴的窜动造成螺栓长时间受力断裂的可能性；另外该浆液循环泵在 2020 年 12 月 25 日机组临时停运期间拆装浆液循环泵叶轮均未见异常，2021 年 1 月 14 日随机组启动后投入运行，运行期间温度、振动正常。

（3）检查该浆液循环泵 6 kV 综合保护装置正常，过负荷保护投入状态为报警，平均电流 124 A，最高电流 141 A，未达到过热保护时限，未触发综合保护装置跳闸条件，逻辑正常。

（4）检查叶轮固定螺栓断口，发现螺栓有旧伤，判断其存在质量问题；螺栓的质量问题导致其运行中发生断裂，叶轮脱出，与泵体口环摩擦，造成浆液循环泵电流增大（叶轮固定螺栓断裂，叶轮脱出、间隙增大，断裂螺栓取出如图 3-32 所示）。

(a)   (b)   (c)

图 3-32　浆液循环泵叶轮脱出及固定螺栓断裂情况

（a）叶轮固定螺栓断裂；（b）叶轮脱出、间隙增大；（c）取出的断裂螺栓

（三）处理措施

（1）设备停运期间，排查所有浆液循环泵叶轮锁紧螺栓，对其进行着色探伤，不合格的进行更换；对于现场检修项目，严格执行标准浆液循环泵检修文件包。

（2）严把设备入厂验收关，特殊材质进行金相分析，确保材质与要求相符，类似设备进行探伤检测，确保设备无暗伤等缺陷。

案例五　吸收塔浆液循环泵叶轮磨损

（一）故障概况

某电厂 2×330 MW 机组采用石灰石－石膏湿法脱硫技术，吸收塔喷淋系统采用"4+2"模式，即设置 4 台吸收塔浆液循环泵和 2 台 AFT 塔浆液循环泵，对应 6 台浆液循环泵，其中 4 层喷淋层满足系统正常运行 95% 的设计脱硫效率，2 层 AFT 塔喷淋层满足脱硫系统超低排放要求。为防止大颗粒固体由浆液循环泵进入喷淋管堵塞喷嘴，浆液循环泵入口设置滤网，石灰石浆液泵和石膏排出泵的入口也设置滤网，滤网材质均为 1.4529 奥氏体双向不锈钢管。运行 15 个月后，停机检修过程中发现 2 号塔浆液循环泵叶轮腐蚀严重，叶轮采用奥氏体不锈钢 1.4593（904 L）材质。

（二）原因分析

（1）通过调查运行以来的化验报告，2 号吸收塔浆液 pH 控制不平稳，按工艺要求 pH 要求控制在 5.0～5.5，而实际运行过程中，pH 常常低于要求范围，最低达到过 2.935；叶轮在低 pH 条件下运行，其耐腐蚀能力急剧下降，造成叶轮严重腐蚀。浆液循环泵叶轮磨损情况如图 3-33 所示。

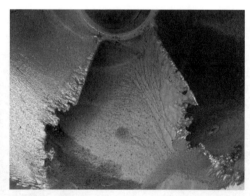

图 3-33　浆液循环泵叶轮磨损情况

（2）浆液循环泵过流部件的工作环境恶劣，既有腐蚀环境，又有磨损，各生产厂家为了解决这一问题，发展出不同特点的技术。部分公司的叶轮使用双相钢，如 1.4593 合金材质，防腐性较好，但硬度相对较小，叶轮的使用寿命一般为 2 年。部分公司叶轮使用 A49 高铬铸铁，蜗壳采用碳钢衬橡胶；虽然在防腐性等级上有一定程度上的下降，但该材料在硬度上提高了一倍，其生产成本有所降低，但铸造难度相对较高。

在吸收塔中，浆液属于固液双相流，固体部分主要成分为石灰石、石膏晶体等，含量一般在 15%～20% 之间。当脱硫吸收剂石灰石中的酸不溶物含量超过规定标准时，容易导致吸收塔浆液的酸不溶物含量增加，使浆液密度升高，这导致浆液循环泵的荷载提高，在浆液流速较大的情况下，叶轮的磨损速度加快；同时，叶轮表面与浆液进行相对运动，会导致浆液中气泡稳定性降低，气泡破裂后形成较大的冲击力，造成气蚀现象；较低的 pH 还会导致浆液对叶轮的化学腐蚀加剧。由此可见，浆液指标不合格，对叶轮造成了磨损、气蚀、腐蚀等多重损坏。

（三）处理措施

浆液循环泵叶轮由于受到腐蚀、气蚀等因素影响，出现较大的缺口、变薄，加上口环受损严重，叶轮与口环之间存在较大的孔隙，使浆液循环泵的运行效率明显降低，泵的出力受到极大限制。本次修理采用高分子耐磨材料对叶轮磨损部位进行修复，再用高分子复合材料对叶轮整体进行防腐蚀保护，最后采用陶瓷产品对其进行涂抹，使其拥有低摩擦、光滑的表层，使其能够最大限度地抵御气蚀、腐蚀作用。

（四）处理效果

经过多次尝试、探索，最终选用高分子耐磨材料、高分子复合材料、陶瓷材料修复工艺修复了浆液循环泵叶轮。相对于常规修复工艺，本次修复方式更加适合于浆液系统泵类部件的修复，能使部件具有更好的防磨性和防腐蚀性；陶瓷材料具有较好的塑形能力，使被修复的叶轮线型更优，性能更佳，基本达到原装叶轮的性能指标；同时，本次修复后的叶轮使用寿命相较其他修复工艺更长。

案例六 吸收塔浆液循环泵机封漏水

（一）故障概况

某电厂 2×1000 MW 新建脱硫 EPC 工程于 2016 年 5 月 28 日开工，1、2 号机组分别于 2019 年 7 月 8 日和 11 月 28 日完成 168 h 试运行。两台机组采用石灰石 - 石膏湿法脱硫技术，吸收塔喷淋系统采用"4+2"模式，即设置 4 台吸收塔浆液循环泵和 2 台 AFT 塔浆液循环泵。2020 年 4 月 6 日，2 号吸收塔 C 浆液循环泵机封漏水，经检查确定为机封水进浆导致冷却腔外侧的 O 形圈变形导致泄漏。

现场解体检查，冷却腔外侧的 O 形圈出现两处变形（O 形圈变形失效导致机封漏水如图 3-34 所示）；机封的冷却水入口管口出现了比较严重的浆液沉积现象（机封冷却水入口管嘴沉积物如图 3-35 所示）。另外机封采用内置循环冷却方式，冷却水经过冷却腔后进入浆液循环泵壳体与浆液混合，使用时机封水的入口压力要求高于浆液循环泵出口压力。按照设备说明书要求：该浆液循环泵出口压力 0.25 MPa，机封冷却水的压力应在 0.3 MPa 左右才能防止浆液进入机封水管。机械密封结构示意图如图 3-36 所示。

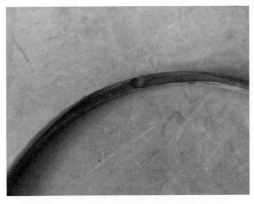

图 3-34　O 形圈变形失效导致机封漏水

图 3-35　机封冷却水入口管嘴沉积物

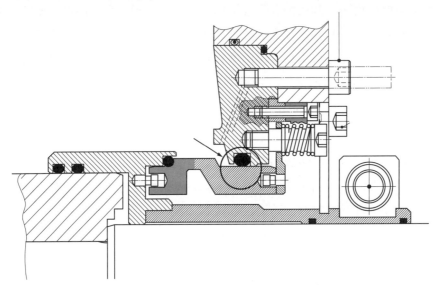

图 3-36　机械密封结构示意图，标注部分为失效 O 形圈

（二）原因分析

（1）对机封进行解体检查，发现机封冷却水入口管处有浆液沉积物，可以判断有浆液倒灌现象，可能是运行人员在浆液循环泵没有完全排空浆液的情况下停了机封水冲洗，未严格按照设备运行要求来操作；按照设备说明书要求，应在停泵后排空泵壳内浆液并进行管道冲洗，确保出水口干净后，再注入清水至泵出口法兰 1 m 以上，才允许关闭机封水。

（2）冷却腔外侧 O 形圈出现的两处变形，变形位置与其中浆液堵塞的位置对应，说明因浆液堵塞机封水后，水压过高导致 O 形圈变形，造成机封漏水。

（三）处理措施

为了使机封运行更加可靠，在机封冷却水入口管阀门后增加压力表，便于运行人员观察机封入口压力的大小，调整控制压力在正常范围内，同时可以判断机封水入口管嘴处是否因倒灌出现浆液沉积现象，做到及时维护。

案例七 吸收塔浆液循环泵出口膨胀节破裂漏浆

（一）故障概况

某电厂 2×350 MW 机组脱硫系统采用石灰石－石膏湿法单塔双循环系统，浆液循环泵采用"3+4"配置，即设置 3 台吸收塔浆液循环泵和 4 台 AFT 塔浆液循环泵。2018 年 8 月 9 日，1 号 C 吸收塔浆液循环泵出口膨胀节因质量问题导致破裂漏浆，另外有 4 台 AFT 塔浆液循环泵进出口管道共 16 套膨胀节，其中 6 套出现表面橡胶分层开裂现象，严重程度不一。

（二）原因分析

（1）2 号脱硫系统 F 浆液循环泵出口膨胀节选型压力偏低，膨胀节法兰限位螺栓不能抵抗内压推力。该膨胀节设计压力是 0.6 MPa，但从现场的运行数据来看，泵扬程 23 m，AFT 塔液位 31 m，泵出口的实际扬程约 54 m。考虑到 AFT 塔浆液密度，浆液循环泵的出口压力将接近 0.6 MPa，接近设计压力，存在安全隐患。由于 AFT 塔浆液循环泵出口压力较大，泵出口水平段没有上、下限位，在泵启动和运行过程中，泵出口弯头将受到浆液向上的推力，管道直径 1100 mm，推力约 56 t，推力作用依靠膨胀节限位螺栓抵抗。从现场看，破坏的膨胀节限位螺栓出现拉断和严重变形，其他膨胀节的限位螺栓也出现弯曲变形现象。膨胀节限位耳板、拉杆螺栓如图 3-37 所示。

(a)　　　　　　　　　(b)

图 3-37　膨胀节限位耳板、拉杆螺栓

（a）伸缩节拉杆螺栓变形；（b）伸缩节耳板变形

（2）膨胀节因整体橡胶法兰强度不足导膨胀节在线运行撕裂喷浆。从损坏的情况来看，橡胶法兰的螺栓孔，是较为薄弱环节；裂口从螺栓孔位置开始延伸，橡胶筒体在浆液压力下变形撕扯，橡胶法兰脱开法兰面，浆液从破损位置挤出（模压式橡胶法兰在螺栓孔位置首先撕裂如图 3-38 所示)。

（3）在制造过程中，膨胀节加强层的敷设不符合工艺要求。通过对撕裂漏浆的膨胀节进行取样检查，膨胀节法兰帘子布没有完全敷设到位；样品厚度为 16 mm，其中胶板 10 mm，四组帘子布 6 mm，但只有一组敷设到法兰面，且翻边长度不足，未延伸到法兰密封面，存在较大生产制作缺陷（如图 3-39 所示)。

图 3-38　模压式橡胶法兰在螺栓孔位置首先撕裂　　图 3-39　四组帘子布在法兰处只有一组翻边

（4）膨胀节在制造过程中存在黏接剂涂刷不均匀等质量问题。该膨胀节的橡胶部分由内部强度层和外部保护层组成，内部强度层承担全部外力，防止磨损，其结构包括：内胶层 8 mm、帘子布 7 mm，2 层 4 mm 厚氯丁橡胶，共 23 mm；外部保护层用于保护内层，防止老化，由两层 3 mm 厚三元异丙橡胶组成，最外层用尼龙布成型，共 6 mm 厚。本次膨胀节开裂的情况，是外保护层在边缘部分与内层脱开，开裂长度和深度都较大；膨胀节没漏浆，说明内层完好，但外保护层开裂说明生产工艺存在问题；厂家反馈是因为胶黏剂涂刷不均匀，或生产现场存在粉尘，影响了黏接效果。2 号脱硫系统 AFT 塔 E 浆液循环泵出口膨胀节橡胶开裂情况如图 3-40 所示。

（5）膨胀节安装存在扭曲、张口、拉伸等误差过大现象。膨胀节安装误差过大的情况比较常见，同时存在扭曲、张口、拉伸等安装问题；与膨胀节连接的两管道法兰周向错位，会导致膨胀节法兰螺栓孔轴线不同心；强力对口安装后，橡胶球体就会存在扭曲应力。比如 2 号 E 喷淋管入口膨胀节、2 号脱硫系统 E 浆液循环泵入口膨胀节法兰螺栓孔均存在错位现象，螺栓孔轴线不同心（如图 3-41 所示)。

另外该膨胀节还存在张口和拉伸现象，膨胀节安装后法兰间距大于允许长度。现场检查 2 号脱硫系统 AFT 塔 E 浆液循环泵入口膨胀节 DN1100，原设计长度 $L=260$ mm；但停泵状态下检查实测，在时钟 3 时位置法兰间距是 290 mm，而时钟 12 时位置是 270 mm，不仅存在张口，而且拉伸过大。2 号脱硫系统 AFT 塔 F 浆液循环泵入口膨胀节，原设计与 2 号脱硫系统 AFT 塔 E 浆液循环泵设计尺寸相同，间距都是 260 mm，但此次更换新膨胀节

图 3-40 2 号脱硫系统 AFT 塔 E 浆液循环泵出口膨胀节橡胶开裂

图 3-41 膨胀节法兰、螺栓孔错位

要求按照现场实际尺寸，新的膨胀节法兰间距需要调整到 300 mm，说明原膨胀节在自由状态下就已经处于严重拉伸状态。

（6）浆液循环泵入口管道垂直段拉杆安装问题导致泵入口膨胀节拉伸严重。AFT 塔浆液循环泵入口管道是从 AFT 塔底部标高 18.65 m 引出，然后垂直向下，到达标高 1.8 m 后，水平连接到浆液循环泵入口。当 AFT 塔浆液循环泵启动及运行时，因膨胀节盲板力的存在，垂直管道下端弯头将受到向外的推力，因垂直管道有拉杆支撑固定，正常情况下，垂直管道下端应固定不动。现场发现，2 号脱硫系统 E、F 浆液循环泵入口管道的垂直段下端弯头在使用一段时间后向外移动；现场为了控制弯头的移动，增加了止推螺栓（如图 3-42 所示）。

图 3-42 2 号脱硫系统 AFT 塔 E、F 浆液循环泵入口水平段弯头增加止推螺栓

比较两套脱硫浆液循环泵浆液管路拉杆，发现 2 号脱硫系统浆液循环泵入口拉杆的钢管和螺杆与图纸不一致。图纸设计拉杆的钢管为 ϕ133，而现场实测只有 ϕ89；设计螺杆直径设计为 ϕ48，实际只有 ϕ30。1 号与 2 号 AFT 塔浆液循环泵入口管道垂直段拉杆比较如图 3-43 所示。

2 号脱硫系统 AFT 塔浆液循环泵入口垂直管道固定拉杆的钢管和螺杆直径减小，显著降低了拉杆刚度；2 号脱硫系统 AFT 塔循环管道最外侧拉杆使用的螺杆最长，有弯曲变形；拉杆轻微的弯曲将放大下方弯头向外移动的距离，尤其是最外侧浆液循环泵，拉杆较长导致浆液循环泵入口膨胀节在自由状态下的法兰间距增大，超过厂家要求的范围。

（三）处理措施

（1）针对 AFT 塔浆液循环泵出口膨胀节压力选型偏小、盲板力较大等问题，在 AFT

(a)　　　　　　　　　　　　　　　　(b)

图 3-43　1 号与 2 号 AFT 塔浆液循环泵入口管道垂直段拉杆比较

（a）1 号 AFT 塔浆液循环泵入口管道垂直段拉杆；（b）2 号 AFT 塔浆液循环泵入口管道垂直段拉杆

塔浆液循环泵出口膨胀节选型时，应考虑最大工作压力，在设计提资中应提供盲板力大小用于采购；同时制定膨胀节设计规定，统一膨胀节的选型设计，确保膨胀节选型参数完整规范。

（2）针对制造过程中出现加强层敷设不到位，胶浆涂刷不均匀等质量问题，应进一步修订采购技术规范书，加强设备监造，制定到货验收项目表，加强设备到货的检查验收。

（3）针对膨胀节安装过程中存在的扭曲、拉伸、张口等误差过大的问题，应进一步加强衬胶管道的安装验收，制定膨胀节专项检查验收表，确保膨胀节在允许的误差范围内安装；针对管道拉杆存在偷工减料、不照图施工的问题，应制定管道支座及拉杆专项验收表，确保管道定位及拉杆等附件安装与设计图纸保持一致。

（4）加强对管道膨胀节的在线检查，及时更换外表面出现分层开裂的膨胀节，确保安全运行。

案例八　AFT 塔浆液循环泵出口膨胀节螺栓弯曲变形、耳板撕裂

（一）故障概况

某电厂 2×350 MW 机组脱硫系统采用石灰石－石膏湿法单塔双循环系统。2018 年 4 月 1 日，1 号 AFT 塔 F 浆液循环泵出口膨胀节运行不到一个月发生破裂，螺栓严重弯曲变形，耳板撕裂。2019 年 3 月 2 日，2 号 AFT 塔 F 浆液循环泵出口膨胀节在运行到一年发生破裂，造成大面积浆液污染，并造成性能试验的两台仪表遭到浸泡损坏；破裂的 2 号 AFT 塔 F 浆液循环泵膨胀节大约有近半圈橡胶在法兰内径位置撕裂，与法兰内表面脱开，露出了锈蚀的钢衬管内表面；该膨胀节工称直径 1100 mm，共有 6 个限位螺杆，螺栓轻微变形（如图 3-44 所示）。

(a)   (b)

图 3-44 膨胀节破裂、耳板及螺杆变形、橡胶撕裂
（a）膨胀节破耳板及螺杆变形；（b）膨胀节破裂、橡胶撕裂

（二）原因分析

（1）该膨胀节耳板、螺栓变形不大，说明 2 号 AFT 塔 F 浆液循环泵膨胀节的限位受到的外力还在允许范围内，橡胶破裂是因内部压力引起。

（2）检查膨胀节使用工况，2 号 AFT 塔 F 浆液循环泵扬程 18.7 m，AFT 塔液位高 30 m，浆液密度按照 1.2 t/m³，得出浆液循环泵出口压力约 0.55 MPa，在技术协议 0.6 MPa 范围内。

（3）通过对损坏的 2 号 AFT 塔 F 浆液循环泵出口膨胀节橡胶部分进行切面检查，发现该膨胀节的加强层没有覆盖到法兰面，导致该处橡胶强度较为薄弱，故障发生时在该处整齐撕裂。

（4）耳板及法兰受到外力，导致耳板及螺栓严重变形失效，膨胀节橡胶被严重拉长，最终导致橡胶破裂。膨胀节原长 260 mm，破裂后变成了 350 mm，整整被拉长了近 90 mm。

（5）分析两个膨胀节所处的浆液循环泵出口管道的布置情况，浆液循环泵出口管道一般都是经过出口膨胀节、弯头，然后经过一个水平段，再垂直向上连接到相应的喷淋层。两套循环管道的水平段长度相差大，2 号 AFT 塔 F 浆液循环泵出口管道的水平段较短，只有 4 m；而 1 号 AFT 塔 F 浆液循环泵出口管道的水平段较长，约 14 m，并且该水平段都没有设置控制上下位移的管座，水平管的上下位移完全靠膨胀节的限位拉杆来限制。当管道有内部压力时，水平段较短，在膨胀节位置的位移就小，因此 2 号 AFT 塔 F 循环泵伸缩节收到的外力较小；水平段较长，在膨胀节位置的位移就大，如果耳板、拉杆的强度不足，时间长了就会发生变形，膨胀节橡胶承受的剪切力将超出允许范围，最终达到膨胀节的变形极限造成撕裂。

（三）处理措施

（1）进一步修订技术规范书，明确各膨胀节所受到的盲板力大小以及内部压力大小，对法兰、耳板、限位螺杆的选购及安装进行规定。

（2）组织编制膨胀节验收标准，用于现场膨胀节到货验收。

（3）针对已安装膨胀节存在的安全隐患进行排查，明确检查标准，发现不合格的在检修时进行更换。

案例九　AFT 塔浆液循环泵出口膨胀节拉杆螺栓断裂

（一）故障概况

某公司 2 号脱硫系统增容改造后于 2017 年 5 月 31 日投产运行。2017 年 8 月 30 日，新增设备 2 号 AFT 塔 B 浆液循环泵出口膨胀节（DN1200，位置：浆液循环泵出口大小头上部）螺栓断裂一根，经检查发现 2 号 AFT 塔 B 浆液循环泵出口膨胀节法兰靠泵侧胶皮有撕裂现象，其他 3 台 AFT 塔浆液循环泵出口膨胀节螺栓均有不同程度的变形。

（二）原因分析

（1）由于浆液循环泵出口管道安装问题，管道支架未能有效固定管道，浆液循环泵出口 4 台 DN1200 膨胀节承受了较大的剪切力，以致运行期间出现膨胀节耳板及限位拉杆出现折弯现象；膨胀节限位螺杆只起保护膨胀节作用，运行时无法承受任何管道拉力。

（2）该项目膨胀节在设计时未提出抗盲板力要求，导致膨胀节的抗盲板力小于实际盲板力。

（3）浆液循环泵出口的 1 台 DN1200 膨胀节未按图纸及安装运行手册要求安装，该膨胀节设计长度为 260 mm，现场测量值已达到 330 mm，严重超出该膨胀节设计允许安装长度，导致膨胀节外层橡胶出现开裂现象，膨胀节限位螺杆、耳板严重变形、断裂。浆液循环泵出口膨胀节损坏情况如图 3-45 所示。

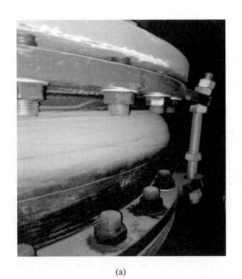 

(a)　　　　　　　　　　　　　　　　(b)

图 3-45　浆液循环泵出口膨胀节损坏图

（a）伸缩节拉杆弯曲；（b）伸缩节开裂

（三）处理措施

（1）全面排查橡胶膨胀节是否按图纸及安装运行维护手册要求进行安装，防止出现膨胀节超出设计位移量使用、限位螺杆及螺母未按要求安装等问题。

（2）对泵出口管道做相对应的管道支架及抱箍，使膨胀节的变化量在位移允许范围内。

（3）重新采购具备足够抗盲板力的膨胀节并及时更换，防止出现膨胀节运行时发生破裂现象。

第四章 氧 化 空 气 系 统

氧化风机是石灰石－石膏湿法烟气脱硫系统的主要设备之一。目前，石灰石－石膏湿法烟气脱硫工程中常用的氧化风机有罗茨鼓风机（双叶、三叶）和离心鼓风机（多级离心、单极离心）。本章主要对各种形式的氧化风机在脱硫系统应用过程中存在的问题进行分析。

第一节 治 理 改 造 案 例

案例一 罗茨风机升级为空气悬浮鼓风机

罗茨风机是较为传统的一种氧化风机机型，随着使用年限的增长，风机能耗高、检修维护费用高、返厂大修周期长、噪声污染大等问题日渐突出，多家企业考虑对风机进行换型改造。

（一）项目概况

某电厂 2×300 MW 燃煤机组烟气脱硫系统采用石灰石－石膏湿法脱硫工艺，一炉一塔配置。氧化风机采用罗茨风机，传动方式为皮带传动。经过常年运行，罗茨风机效率低、噪声大（风机隔声罩外实测 110 dB）、故障率高，2018 年脱硫氧化风机设备缺陷达 70 条，罗茨风机已经不适应烟气脱硫系统的运行需要。考虑到氧化风机节能降耗、环保等方面的要求，公司于 2019 年对氧化风机进行升级改造，经技术对比分析后，选用空气悬浮永磁变频离心风机替换原有罗茨风机。

（二）改造方案

1. 技术方案比较

近年来，单级高速离心风机、空气悬浮风机等新型风机在脱硫系统中得到应用，在选型时对两种风机进行了对比分析。

单级高速离心鼓风机的工作原理是通过原动机驱动叶轮高速旋转，进入叶轮的气流被加速，然后进入扩压腔内减速，将动能转换成势能（压能）。由于离心风机是通过提高空气流速将空气的动能转化为空气的压能，因此单级离心鼓风机的转速需高达数万转。

空气悬浮永磁变频离心风机采用一体化结构（高速电动机＋离心风机），通过高转速来保证风量和风压达到设计要求，利用空气悬浮轴承技术使风机的回转轴在高速转动时处于悬浮状态。

进行风机选型时，主要从生产过程的适用性、技术的先进性、经济运行的合理性等方面考虑，具体还应考虑风量、可调节性能、电耗、噪声、运行维护等。对罗茨风机、单级高速离心鼓风机及空气悬浮永磁变频离心风机三种风机进行技术性能比较结果见表4-1。

表4-1　　　　　　　　　　　　不同型式氧化风机技术性能对比情况

序号	类别	罗茨风机	单级高速离心风机	空气悬浮永磁变频离心风机
1	压缩方式	容积式	离心式	离心式
2	风量（m³/min）	≤150	≤1050	≤550
3	风量调节	固定	可调节（调节范围50%～100%）	可调节（调节范围30%～100%）
4	效率（%）	55～70	＞80	≥85
5	电耗	高	中等	低
6	噪声［dB（A）］*	＞100	≤85	≤80
7	自动化程度	低	中	高
8	振动	严重	一般	小
9	轴承寿命	1～2年	5～10年	20年以上半永久性
10	故障率	高	中	低
11	运行维护	更换常规维护的轴承、润滑油和滤网	润滑油的检测与更换、过滤芯的清洗与更换	过滤芯更换，无需润滑油

* dB是噪声的标准计量单位，A表示在A级计权下的噪声分贝大小。

通过对比分析，罗茨风机适用于风量较小的工况，但噪声大、电耗高、自动化程度低、故障率高、运行维护成本高；单级高速离心鼓风机适用于流量高、有一定风量调节要求的工况，其噪声、电耗、自动化程度、故障率、运行维护成本等在三种风机中均处于中等水平；空气悬浮永磁变频离心风机风量可调节范围大，且具有噪声低、电耗小、自动化程度高、故障率低、运行维护成本方便等优势。

2. 改造过程

拆除原有的1台罗茨风机，将其更换为空气悬浮永磁变频离心风机，与剩余的1台罗茨风机形成一用一备；将更换后的氧化风机出口接至原有氧化空气管道系统，原有氧化空气系统母管保持不变；正常运行时由1台空气悬浮永磁变频离心风机向系统提供氧化风。

（三）改造效果

（1）对脱硫系统的影响。氧化风机改造后设备运行平稳、可靠，排风量和压升均能满足脱硫系统需要。改造后吸收塔内的浆液成分、石膏结晶和烟气脱硫效率均无明显变化，本次改造对烟气脱硫反应基本没有影响。

（2）节能降耗方面。原有罗茨风机的电源电压为 6 kV，正常运行电流为 18.2 A，经测算，其实际运行功率约为 160.76 kW，比功率为 0.028 kW/（m^3/h）（标准状态下）；改造后，空气悬浮永磁变频离心风机的平均运行功率约为 119.53 kW，比功率为 0.021 kW/（m^3/h）（标准状态下），节能率为 25.65%。根据风机 2018 年的运行小时数 7660 h 计算，年节电量达到 315821.8 kWh，按厂用电价 0.4253 元 /kWh 计算，改造后每年节约电费约 13.43 万元。

（3）噪声方面。空气悬浮永磁变频离心风机投运后，氧化风机房实测噪声约 77 dB（A），与原有的 110 dB（A）相比明显下降。

（4）故障率方面。设备投产以来，氧化风机的设备故障率明显降低，运行维护工作减少，仅需定期对滤网进行清理。

案例二　吸收塔氧化风机与 AFT 塔氧化风机管道互通

氧化风机作为脱硫系统的主要设备，一般长期处在运行状态。若氧化风机出现故障，无法提供足够的氧化空气，会造成吸收塔浆液氧化不充分，导致浆液中毒现象，影响整套脱硫装置正常运行，严重时可能会造成机组停运；通过将吸收塔氧化风机与 AFT 塔氧化风机的出口管道进行联通，使其互为备用，可以最大限度避免上述问题发生。

（一）项目概况

河北某电厂的 2 套脱硫装置共设置 4 台氧化风机，为 RBS175 直联传动式罗茨风机，流量 8739 m^3/h（标准状态下），风压 90 kPa，电动机型号 YKK450-6，电压 6 kV，功率 355 kW，转速 980 r/min；其中吸收塔氧化风机 2 台，AFT 塔氧化风机 2 台，运行期间均为一用一备。2019 年 8 月 4 日，1 号罗茨风机在运行水平振动达 100 μm，被迫停运检修；在 1 号罗茨风机检修过程中，2 号罗茨风机电动机非驱动端振动突然在 30～90 μm 波动，由于机组负荷较高，若此时停运 2 号罗茨风机，必然会发生烟气超标事件；后来经检查，2 号罗茨风机电动机的振动测点故障，风机实际运行正常。经过此次事件，公司技术人员认为应提高氧化风系统的可靠性，提出将 AFT 塔氧化风机与吸收塔氧化风机出口管道相连的方案，通过增加隔离门进行切换，以确保氧化风系统的稳定运行。

（二）改造方案

在 AFT 塔氧化风机出口母管处增加管口，连接管道通过 1 号脱硫系统石膏排出泵房北侧墙体穿出，到达 1 号脱硫系统吸收塔南侧，沿吸收塔塔壁向上至吸收塔氧化母管水平标高处，与吸收塔氧化风管相连接；在新安装的氧化空气连通管经过的 1 号脱硫系统吸收塔三层平台处焊接法兰，加装一套隔离门；在 1 号脱硫系统 B 氧化吹枪上方三通至 1 号脱硫系统 A 氧化吹枪方向水平处通过焊接法兰加装隔离门一套。改造方案示意图如图 4-1 所示。

（三）改造效果

经过系统改造，在吸收塔氧化风机故障的情况下，AFT 塔氧化风机可以作为备用风机

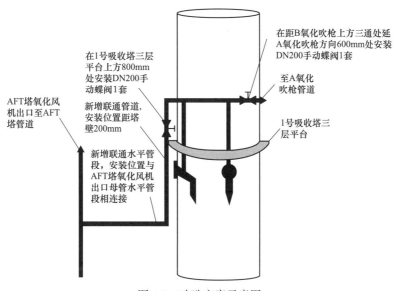

图 4-1 改造方案示意图

向吸收塔内供应氧化空气，确保系统安全稳定运行；同时，在机组负荷较低或烟气硫分较低时，可使用单台氧化风机为系统供气，达到节能降耗的效果。

案例三 氧化风系统母管制节能改造

（一）项目概况

某电厂 2×660 MW 机组脱硫系统采单塔单循环工艺，一炉一塔配置，每座吸收塔匹配两台离心式氧化风机，氧化空气进入吸收塔的形式为喷枪式。在火电机组向自动发电控制转变的背景下，为适应脱硫系统节能降耗的需要，基于离心风机的特性，公司提出了氧化风系统母管制改造。

氧化空气喷枪结构简单，喷枪管径较大，出口不易堵塞，但因鼓出的气泡较大，导致氧化空气利用率较低。实际运行过程中，进入吸收塔的氧化风量远高于其需求量，一方面造成风机能耗过高；另一方面加剧塔内泡沫的产生，造成吸收塔液位虚高，严重时会造成浆液溢流现象。

（二）改造方案

将四台氧化风机出口引入供风母管中，两座吸收塔连接同一供风母管，母管中间安装 1 个联络电动门；通向每座吸收塔的氧化风管上装有流量计和电动阀，可以根据需求控制进入两座吸收塔的氧化风量，低负荷时可以用一台离心风机向两座吸收塔提供氧化空气。

改造后的氧化风系统运行方式如下：机组高负荷时，联络电动门关闭，氧化风系统采用单元制运行，各吸收塔由各自的氧化风机供风；机组低负荷时，联络电动门开启，氧化风系统采用母管制运行，此时可以停运一台氧化风机，只保留一台氧化风机运行，该风机的氧化风通过联通母管同时向两座吸收塔供风，节约能耗。改造后氧化风系统如图 4-2 所示。

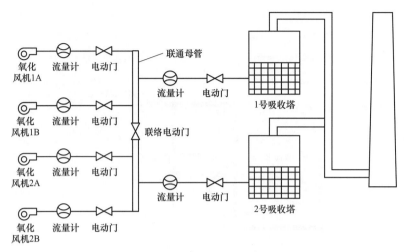

图 4-2　改造后氧化风系统

（三）改造效果

氧化风系统改造后，显著提高了脱硫系统安全性和经济性。离心风机因其特殊的性能曲线，不宜调整风机出口的风量。母管制运行模式下，脱硫负荷较低时可用一台风机向两座吸收塔供气，降低了系统能耗，提高了氧化风系统运行的经济性。在氧化风机事故状态下，可通过母管制运行方式，避免氧化风量不足的情况，提高了脱硫系统的安全性和灵活性。

案例四　多级离心氧化风机频繁振动、轴承温度高治理

（一）项目概况

某电厂 4×300 MW 机组脱硫系统为一炉一塔配置，采用石灰石－石膏湿法烟气脱硫工艺。机组额定烟气流量 1200000 m³/h（标准干态），脱硫吸收塔入口烟气设计 SO_2 含量为12500 mg/m³（标准状态下），出口烟气 SO_2 浓度小于 400 mg/m³（标准状态下）。脱硫氧化风机采用多级离心风机，空气经过多级连续压缩获得压力，进入吸收塔参与氧化反应。每座脱硫吸收塔配置两台氧化风机，一运一备，氧化风机参数见表 4-2。

表 4-2　　　　　　　　　　　　氧化风机参数表

风机参数		电动机参数	
类型/型号	C500-1.8	电动机型号	YKK-5004-2-W
产品编号	091103-2	额定功率	1250 kW
进口压力（表压）	标准大气压	接线	Y
出口压力（表压）	96 kPa	额定电压	6000 V
进口温度	20 ℃	额定电流	145.1 A
进口流量	500 m³/min	额定转速	2985 r/min
主轴转速	2985 r/min	绝缘等级	F

（二）改造方案

1. 原因分析

对氧化风机的供风量进行分析。氧化风机运行时，氧化空气流量平均值为 218.75 m^3/min，远低于氧化风机的额定出力 500 m^3/min。对氧化空气系统管道、喷枪等进行检查，未发现有结垢、堵塞现象。据此判断风机出力释放不足，风机长时间在一半额定出力以下运行，是风机运行不稳定、故障率高的主要原因，再进一步通过现场试验进行分析验证。

2. 解决方案

根据氧化风机实际供给的氧化风量接近氧化风机额定出力一半的情况，并结合现场的设备布置和工艺流程等实际情况，探索性地采取单台氧化风机通过风机出口联络管供相邻两座吸收塔的运行方式。观察风机本身的运行状态变化和各参数趋势、脱硫吸收塔浆液品质、石膏品质以及整个脱硫系统的运行情况，分析优化试验的效果。

一台氧化风机向两座吸收塔供给氧化空气，在运行调整上需要注意以下问题：

（1）两座吸收塔的总阻力要整体匹配平衡，需要控制好吸收塔的液位、吸收塔的浆液密度及各阀门的开度等，防止氧化空气只进入一座吸收塔，而另一座吸收塔无氧化空气的情况发生。

（2）密切监视脱硫吸收塔浆液各项参数特别是亚硫酸盐含量在规程规定的范围内。

（3）观察石膏品质是否正常，各项参数是否正常。

（4）由于一台氧化风机供两座吸收塔，风机故障、跳闸等造成的影响范围较大，需要运行人员加强氧化风机系统的监视，认真调整，精心操作；同时保持备用氧化风机的润滑油泵运行正常，确保备用氧化风机可靠备用。

（三）改造效果

（1）氧化风机本身的运行状况得到了明显的改善，风机出口温度下降 10 ℃左右，风机轴承垂直 / 水平 / 轴向振动分别下降了 30 μm/35 μm/25 μm 左右，轴承温度下降了 8 ℃左右，且维持稳定；由于不再需要外置冷却设备，整个系统的故障率大幅降低。

（2）脱硫吸收塔各项参数正常，浆液品质良好，亚硫酸盐含量在正常范围内；脱水系统运行正常，石膏成品各项参数正常；脱硫系统运行平稳，烟气指标控制稳定，未发生过环保指标超标事件。

（3）氧化风机运行中噪声有所降低，已从原来的 95 dB 下降至 65 dB。

（4）由于一个单元的两座吸收塔只需要运行一台氧化风机，风机电耗大幅降低，每月可节约电量 55.2 万 kWh，全年可节约电量 1326 万 kWh，根据上网电价 0.3363 元 /kWh 计算，全年可节约生产成本 445.92 万元。

（5）氧化风机运行的稳定性得到了极大提升，降低了风机的轴承、叶轮、电动机轴承等部件的故障率，检修周期明显加长，检修工作量大幅降低；同时检修材料费用、相关的人力投入费用等均有所减少，降低了检修成本。

第二节　故障处理案例

案例一　脱硫氧化风机轴断裂

（一）故障概况

某电厂二期 2×300 MW 机组 3、4 号吸收塔各设置 2 台氧化风机，一运一备，室内布置。风机为三叶式罗茨型鼓风机，冷却方式为风冷，主、副转子的叶轮与轴是一体化的球墨铸铁材质。3、4 号机组在投产约半年后，先后有三台氧化风机因为轴的材质与设计不符，运行过程中发生轴断裂事故，经过更换轴材质后故障消除。

（二）原因分析

（1）铭牌上标明叶轮轴材质为 XC48 法国牌号（相当于国内 45 号钢），而实际是球墨铸铁材质，并且主、副转子的球化铸造工艺较差。

（2）主、副转子的轴径设计偏小（轴径 70 mm），轴的刚性强度不足，抗折抗弯能力差。

（3）氧化风机出风口长期处于高液位、高密度（即高背压）环境下工作，轴的热疲劳强度大，从而影响轴的使用寿命。

（4）主、副转子采用三叶转子结构，叶轮与轴一体成型，叶轮中的配重块发生位移，影响叶轮动平衡，造成叶轮旋转时振动较大，增大了断轴应力。

（三）处理措施

根据氧化风机轴的修复程序（如图 4-3 所示），依次对各部件进行检修。

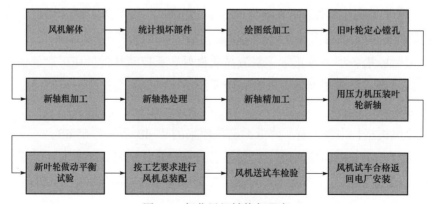

图 4-3　氧化风机轴修复程序

安排人员进驻风机轴的生产厂家，现场监督轴制造过程中主从动轴及密封件的调质热处理、叶轮定心镗孔、叶轮压轴及动平衡检验等关键工序，同时监督厂家按照工艺标准进行安装。

案例二 脱硫氧化风机振动大

（一）故障概况

某电厂 2×600 MW 机组于 2015 年投产，同步建设烟气脱硫装置。脱硫氧化风机型式为罗茨风机，主要由壳体、前后墙板、轴承、叶轮、主轴、联轴器、轴承室和齿轮箱体组成，其参数如下：型号：GR500WD（b）；体积流量（湿态）：11517 m^3/h（标准状态下）；入口温度：35 ℃；全压升：90 kPa；温升：100 ℃；容积效率：80%；电动机功率：560 kW；转速：990 r/min。

脱硫装置投运以来，1 号氧化风机运行一直不稳定，振动偏大，最高达到 22 mm/s 以上。有时为了保证脱硫装置的正常运行，被迫解除氧化风机的振动保护，这使氧化风机的安全受到极大威胁。对 1 号氧化风机基础、轴线中心、转子间隙等进行调整后，情况有所好转，振速基本处于 10～15 mm/s，但离优良标准还有差距。为了解决氧化风机振动大的问题，公司对 1 号脱硫氧化风机进行振动频谱检测分析。

（二）原因分析

对 1 号氧化风机进行振动频谱检测。在 1 号氧化风机上设置 6 个振动测点，分别为电动机前后轴承 2 个测点（M1、M2）、风机前后轴承两侧共 4 个测点（A1～A4），测量振动速度值。根据测试结果，风机联轴器两侧测点频谱中表现出 2 倍频振动幅值，明显较高。

根据氧化风机进行振动频谱检测结果，分析得到以下结论：

（1）通过检测的频谱图分析：1 号氧化风机最大振动速度有效值达到 15.44 mm/s，不适合继续运行，应尽快停运进行检修。

（2）1 号氧化风机联轴器两侧测点频谱中表现出 2 倍频振动幅值明显较高，说明联轴器存在明显不对中现象。

（3）1 号氧化风机的测点频谱中出现了转频及多阶谐波频率，且多阶谐波以偶数谐波振幅较高；通过其时域波形可以推断，风机叶轮与机壳可能有局部轻微摩擦。

（三）处理措施

根据分析结论，1 号氧化风机振动大主要是联轴器中心偏差（没有考虑风机热膨胀），其次是叶轮与机壳的轻微摩擦。因解体检修耗时较长，所以检修方案定为调整联轴器中心。计算风机热膨胀，圆周高差应修正到 0.25～0.27 mm，水平方向电动机往右修正 0.06 mm。出于稳健考虑，最终决定中心调整为：圆周高差修正 0.15 mm，水平方向电动机往右修正 0.06 mm。

案例三 高速离心氧化风机入口导叶损坏导致叶轮及增速机齿轮损坏

（一）故障概况

某电厂 2×660 MW 机组，采用 1 炉 1 塔配置，吸收塔喷淋层采用"4+2"方式设置，即设置 4 台吸收塔浆液循环泵和 2 台 AFT 塔浆液循环泵；氧化风机采用高速单级离心风机，进口流量 210 m³/min，压升 0.22133 MPa，转速 18138 r/min，质量 9600 kg，电动机功率 500 kW。

图 4-4 从动齿、轴错位

2022 年 3 月 3 日，4 号 A 氧化风机保护跳闸，跳闸首出供油压力低。经过检查，调阅综合保护装置数据，确认 ACT 过流速断跳闸；测试电动机及电缆绝缘电阻，绝缘电阻符合要求；现场就地测量电动机本体直流电阻数据，直流电阻符合要求；拆开 4 号 A 氧化风机电动机与减速机连接防护罩，盘车卡涩不动，初步判断为轴抱死导致瞬间电流增大，过流速保护跳闸。

3 月 4 日检查氧化风机，拆除风机观察口盖板，发现变速箱齿轮扫齿，从动齿、轴错位（如图 4-4 所示）。

解体风机，风机本体吊出基座后发现风机进口导叶叶片全部脱落，导叶损坏严重，只剩 3 个较完整导叶（如图 4-5 所示）；将风机进口导叶一体拆除，发现导叶叶片基座从根部断裂（如图 4-6 所示），环状导轨、齿轮对等均正常（如图 4-7 所示），风机叶轮叶片磨损，部分叶片有缺口（如图 4-8 所示）。解体风机轴瓦座，传动轴轴瓦正常；从动轴推力瓦正常（如图 4-9 所示），可倾斜瓦有轻微磨痕（如图 4-10 所示），修复后可正常使用。

图 4-5 3 个较完整导叶

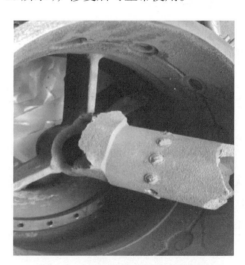

图 4-6 导叶叶片基座从根部断裂

图 4-7 环状导轨、齿轮

图 4-8 风机叶轮叶片磨损

图 4-9 从动轴推力瓦

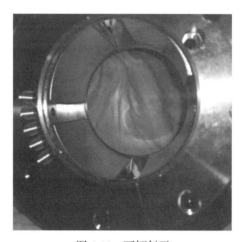

图 4-10 可倾斜瓦

（二）原因分析

根据现场氧化风机叶轮损坏情况和增速机损坏情况分析，氧化风机叶轮、增速机损坏主要是由于入口导叶损坏后碰撞叶轮引发。入口导叶损坏原因主要有：

（1）入口导叶基座断裂位置有氧化痕迹，存在有生产质量缺陷的可能性，缺陷导致基座强度降低。运行中导叶开度 60% 左右，导叶叶片受氧化风机抽吸力影响，存在振动现象，振动加剧了导叶基座缺陷位置损坏。基座损坏后，在氧化风机叶轮和氧化空气作用下，导叶叶片脱落，被吸入风机，与高速旋转的叶轮发生碰撞，导致氧化风机叶轮和增速机损坏。

（2）氧化风机入口滤网距厂内灰库较近，环境差，同时滤网清理周期不合理、定期清理间隔长，导致滤网进气效果差、进口风道不畅。氧化风机投入运行 5 年以来，项目公司人员未对氧化风机入口导叶进行维护、检查及检修，导叶叶片转动部分有卡涩的可能性。在执行器调整过程中，导叶个别叶片由于卡涩损坏造成进气不均匀，导致基座受力不均，在氧化风机抽吸力造成的振动影响下，基座缺陷位置超过疲劳极限发生断裂。

（三）处理措施

（1）氧化风机滤网清理周期由 15 天 / 次修改为 7 天 / 次，同时氧化风机启动前对滤网进行清理检查。

（2）制定氧化风机入口导叶定期润滑维护工作制度，同时进行导叶传动试验，确定导叶、齿轮等无卡涩损坏，导叶开度与执行器反馈一致。

（3）按照厂家维保、试验等规定及时完成养护风机维保、试验工作。

（4）增加氧化风机入口风压巡回检查记录，对氧化风机入口风压数据定期进行同工况对比，根据数据记录及时对设备进行检查。

案例四　氧化空气系统频繁故障

（一）故障概况

某电厂 2×350 MW 燃煤机组采用石灰石－石膏湿法烟气脱硫系统，主体工程采用德国比晓夫技术喷淋塔，一炉一塔配置；吸收塔采用强制氧化技术，每个吸收塔配备两台进口 RCS824 型罗茨风机，一运一备；氧化风管采用管排式布置，氧化风机出口母管在吸收塔标高 17 m 处分 5 根支管垂直向下，在标高 8.1 m 的地方进入吸收塔，在氧化空气管排上方吸收塔液位以下的区域内形成一个氧化池。

机组运行期间氧化空气系统出现以下问题：

（1）在机组检修期间对氧化空气管道弯头进行拆卸检查，发现吸收塔氧化空气分支管道喷嘴均有不同程度的堵塞，管道内堆积石膏状物，质地坚硬难以清除，用高压水枪冲洗方可除掉。

（2）检查氧化空气减温水系统，发现部分喷嘴堵塞，减温水管道结垢锈蚀严重。

（3）吸收塔内氧化空气分支管道法兰处防腐内衬损坏，法兰腐蚀严重。

（4）3 号吸收塔内壁结晶严重，真空皮带脱水机滤布堵塞严重，分析为塔内浆液氧化不足，浆液中亚硫酸钙含量过高所致。

（5）氧化风机轴承温度偏高，润滑油变质速度快，氧化风机多处出现漏油现象。

（6）氧化风机频繁出现轴承损坏，转子卡涩等故障，频繁造成氧化风机失去备用，使得氧化空气系统的安全系数大幅降低。

（7）由于氧化风机轴承温度高，设计的隔声罩无法进行完全封闭，导致整个循环泵房噪声大。

（二）原因分析

1. 氧化空气管道和喷嘴堵塞

氧化风机管道和喷嘴堵塞，主要因为进入吸收塔的空气温度过高，在氧化空气管道及喷嘴处，浆液中的水分瞬间蒸发，浆液中的固体物质黏结在管壁和喷嘴上，造成结垢，堵塞管道和喷嘴。氧化空气管道和喷嘴堵塞的直接后果是氧化风流量减少，氧化池部分区域氧化风供应不足。氧化风温度过高的原因主要有：

（1）氧化空气减温水故障，导致氧化风机出口的高温空气不能得到有效冷却。

（2）吸收塔液位波动大，当吸收塔液位过高时，会导致氧化风机出口压力升高，温度也随之升高。吸收塔液位每升高 1 m，氧化风机出口压力升高 10 kPa 左右，温度升高 10 ℃左右。

（3）氧化风机设计进口温度为 11.2 ℃，而在实际运行中，循环泵房散热效果差，室内温度较高，夏天时可高达 40 ℃，这使得氧化风机出口温度相应升高。

2. 氧化风机故障率高

（1）氧化风机轴承温度偏高，润滑油长期在高温下运行，油质下降快，造成氧化风机经常因为油质恶化而停运。

（2）由于油质恶化，使氧化风机轴承润滑效果差，造成氧化风机轴承损坏、主轴断裂等重大事故。

（3）由于氧化风机在出厂时未装置补偿油杯，氧化风机运行中油位波动大，影响润滑效果。同时由于原设计的呼吸孔极易堵塞，导致轴承箱内部气体无法自由膨胀和收缩，造成轴承箱漏油，也加快了油脂的恶化速度。

（4）氧化风机所处环境温度较高，除了造成轴承温度高外，还造成传动皮带温度较高，加快了皮带的老化速度。

（三）处理措施

1. 运行方式优化

（1）控制吸收塔液位在合适范围，氧化空气管排设置在吸收塔标高 8.1 m 处。液位过高会增大管排处的静压，使氧化风机出口压力和温度升高，液位过低会降低氧化池的深度，减少氧化空气在浆液中停留的时间，影响氧化效果。综合这两方面因素，将吸收塔液位保持在 10 m。

（2）严格按照设备定期切换制度，对设备进行定期轮换，避免单台氧化风机长时间运转，及时发现备用设备存在的问题和隐患，还能避免切换阀长时间不动作而锈蚀卡涩。

（3）加强对氧化风机出口温度和减温水流量的监视，及时对设备健康状况进行诊断和分析。

2. 设备系统治理

（1）对氧化空气减温水系统进行改进。将减温水母管直径由原来的 $\phi32$ 更换为 $\phi57$，同时更换减温水喷嘴，增大喷嘴内径，提高减温水流量；在减温水母管处加装滤网，以防止减温水喷嘴堵塞。

（2）在氧化风机驱动端和非驱动端轴承箱处各增加 1 个补偿油杯，以保持轴承箱内油位的恒定，确保润滑效果良好。

（3）改良原厂家设计的呼吸器，消除呼吸器堵塞，提高透气性，保证轴承箱内部气体的自由膨胀和收缩，改善润滑油脂运行条件，减缓润滑油油脂恶化速度。

（4）在氧化风机两端轴承箱处加装雾化喷嘴，引入工艺水对轴承箱进行雾化降温。

（5）保证循环泵房墙壁排风扇的正常运行，尽可能降低氧化风机所处的环境温度。

（6）更换氧化风机润滑油脂，改用热稳定性和抗氧化性能较好的合成润滑油，使之能够在更大的温度范围内运行，减缓油质恶化速度。

（四）处理效果

（1）氧化空气减温水流量增加，减温水系统的正常投运解决了氧化空气管道和喷嘴结垢堵塞的问题，保证了塔内氧化空气系统的正常运行。

（2）氧化风机轴承温度降低，从治理前的 90 ℃降到治理后的 70 ℃，氧化风机润滑油脂变质速度变慢，轴承润滑条件改善。

（3）石膏中亚硫酸钙含量降低，石膏品质得以提升。

（4）由于氧化风机轴承箱的降温效果明显，氧化风机隔声罩可以正常关闭，氧化风机噪声得到良好控制。

（5）氧化风机故障率降低，减少了设备维护费用。

第五章 石膏脱水系统

石膏脱水系统由一级脱水系统和二级脱水系统组成。吸收塔排出的石膏浆液，经过石膏旋流器一次脱水后，含固量在 30%～50%，再经过二级脱水系统（如真空皮带脱水机）进行二次脱水，石膏浆液由液态变为固态，最终得到含水率小于 10% 的石膏。二级脱水系统的主要设备有两种类型，真空皮带脱水机与圆盘脱水机，圆盘脱水机又分为陶瓷式圆盘脱水机和滤布式圆盘脱水机。

真空皮带脱水机占地面积大、过滤效率高、生产能力强、洗涤效果好，而且操作简单、运行平稳、维护保养方便，应用范围非常广。真空皮带脱水机主要结构包括橡胶带、真空箱、驱动滚筒、机架、进料斗、滤布纠偏装置、驱动装置、滤布洗涤装置、滤布、气水分离器、从动滚筒、平行托辊等部件。因真空皮带脱水机设备所处环境较为恶劣，设备锈蚀、轴承损坏、卡涩、跑偏等各类问题层出不穷，给脱水系统的运行和维护带来较大困难。通过对真空皮带脱水机常见故障进行判断分析、对处理方法进行总结、改进真空皮带脱水机的维护方式，可以提高维护质量，降低设备缺陷发生概率。

第一节 治理改造案例

一、脱水皮带机

案例一 脱水皮带机裙边飞溅水治理

（一）项目概况

某电厂 2×330MW 机组采用石灰石 - 石膏湿法烟气脱硫系统，脱硫装置及其附属系统 2014 年随机组同步投入运行，脱水系统采用橡胶带式真空过滤机（简称真空皮带机）。真空皮带机示意图如图 5-1 所示。

1. 设备参数

真空皮带机参数见表 5-1。

2. 设备现状

由于真空皮带机在运行过程中，皮带在驱动滚筒与从动滚筒之间做环形运动，水滴会从上皮带滴落，至下皮带或皮带机机架表面形成飞溅液滴，污染周边环境，带有腐蚀性的

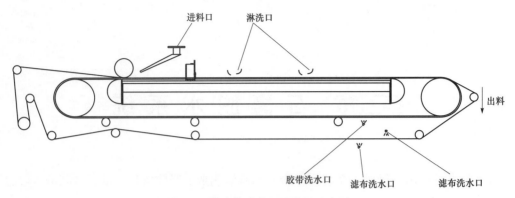

进料口　　淋洗口

出料

胶带洗水口　　滤布洗水口　　滤布洗水口

图 5-1　橡胶带式真空过滤机示意图

表 5-1　　　　　　　　　　　　　　真空脱水皮带机参数

设备名称	过滤有效面积（m²）	滤带有效宽度（mm）	操作真空度（MPa）	滤饼含固量（质量含量）（%）	滤带运行速度（m/min）	过滤胶带形式
真空脱水皮带机	22.6	1800	0.053	90	2~12	平行胶带与波浪形裙边黏连

液滴也对皮带机机架、管道、电缆线盒造成腐蚀，不但影响机架的运行寿命，还对设备稳定运行造成隐蔽性影响。大部分电厂采取的是挡水帘封闭或外围整体铝合金玻璃封闭等方法，虽然可以挡住部分飞溅水，但污染问题依然存在，而且封闭之后对于运行巡检和日常检修都会造成影响。皮带机防溅水装置（改造前）如图 5-2 所示。

图 5-2　皮带机防溅水装置（改造前）

（二）改造方案

1. 原因分析

（1）皮带在运行过程中两托滚之间形成凹面，低点位置形成漏水点。

（2）真空皮带机下部负压真空管接口处使用钢丝软管材料，绑扎不牢，设备长期运行中存在振动现象，导致接口漏水。

（3）皮带运动到从动轮、驱动轮处呈圆弧状，导致皮带上携带的部分清洗水从皮带弯曲处大量流出。

（4）驱动轮处的皮带冲洗水因压力过大造成液滴飞溅。

2. 改造过程

（1）从动滚筒处采用圆弧形凹槽接引外流水，加引水管至皮带机内部，轮边部位采用挡板防护接引至凹槽内。

（2）平行皮带上层采用平凹槽接引，加引流管至皮带机内部。

（3）从动滚筒处采用挡板防护引至平行凹槽，加引流管至皮带机内部。

（4）负压钢丝软管接口漏水，采用在管道低点加环形挡水皮的方式将漏水挡在皮带机内部。

改造共计消耗不锈钢板材 200 kg，DN25 不锈钢管 20 m；通过改造满足现场需求。皮带机防溅水装置（改造后）如图 5-3 和图 5-4 所示。

增加的引流水槽，基本与皮带机融为一体

图 5-3　皮带机防溅水装置（改造后整体图）

（三）改造效果

（1）皮带机裙边飞溅冲洗水得到有效控制。

（2）皮带机框架及水管的腐蚀减少，现场设备的文明生产状况提升明显。

（3）真空管环形挡水胶皮挡水效果明显，流水全部控制在皮带机内部，杜绝了浆液外流。

（4）将飞溅冲洗水收集引流后，减少了对皮带机构架、电缆盒的腐蚀，提高了设备的运行可靠性。

（5）改造过程中拆除了原有外围整体铝合金玻璃窗，更有利于运行巡检和日常维护。

图 5-4　皮带机防溅水装置（改造后局部图）

案例二　脱水皮带机分配器加装均布板

（一）项目概况

某电厂 2×350 MW 机组采用石灰石－石膏湿法烟气脱硫系统，脱硫装置及其附属系统 2015 年随机组同步投入运行，脱水系统采用橡胶带式真空过滤机。

1. 设备参数

真空脱水皮带机参数见表 5-2。

表 5-2　　　　　　　　　　　　　　真空脱水皮带机参数

设备名称	过滤有效面积（m²）	滤带有效宽度（mm）	操作真空度（MPa）	滤饼含固量（质量含量）（%）	滤带运行速度（m/min）	分配槽
真空脱水皮带机	22.6	1800	0.053	90	2～12	扇叶形式分配槽

2. 设备现状

真空脱水皮带机运行过程中，经过石膏旋流器的底流浆液通过分配槽落在皮带机上部。由于石膏分配槽采用浆液重力自流分配方式进行布料，在石膏固含量高时，石膏在自流至脱水皮带机顶部时，石膏浆液脱水速度快，在浆液未铺满皮带机表面时，脱水已完成，容易造成皮带机漏真空的现象。同时，分配槽的流道容易堵塞淤积，造成浆液左右分布不均匀，石膏饼厚度不一致，导致滤布与皮带发生跑偏，影响皮带机的正常运行；石膏饼厚度过高，还会增加滤布的局部磨损量，降低滤布的使用寿命。

（二）改造方案

通过调整石膏分配槽底部平面的左、右高度，使分配槽底部处于一个平面；在分配槽底部增加挡水边，改善浆液溢流分布，防止因浆液自流速不一致，引起浆液不均匀分布；石膏分配槽底部增加底流小孔，防止分配槽底部淤积堵塞；在石膏分配槽流道上方设置流道观察孔，定期检查流道堵塞情况。改造共使用厚度 3 mm 不锈钢板 2 kg、不锈钢焊条 5 根、直径 5 mm 钻头一根。

（三）改造效果

（1）现场检查皮带机分配槽的浆液分配情况，在 1110、1120、1130、1140 kg/m³ 等不同浆液浓度的情况下，滤布表面均能布满石膏浆液。

（2）在真空皮带脱水机正常运行工况下，观察石膏浆液落料口位置，落料口附近滤布左右两侧与中间位置，石膏饼的厚度基本一致；厚度均匀的石膏饼也避免了滤布的局部磨损，提高了真空皮带脱水机滤布使用寿命。

（3）通过此次改造，避免了因石膏分布不均匀造成石膏脱水皮带机跑偏及真空盒漏真空的现象发生，提高了真空皮带脱水机的运行可靠性。

案例三 脱水皮带机滤布张紧装置改造

（一）项目概况

某热电厂 2×300 MW 机组烟气脱硫采用石灰石/石膏湿法脱硫工艺，脱水系统采用橡胶带式真空过滤机，其滤布的主要性能参数见表 5-3。

表 5-3 滤 布 技 术 参 数

滤布型号	DZ-PET-30
滤布材质	PET（聚酯，改良型含特氟龙）
滤布结构	织网，$1\frac{1}{2}$ 层（一层半）
最后定型	热定型
单位质量	1310 g/m²
厚度	1.8 mm
透气率（真空度 200 Pa）	9 m³/（m²·min）
经线	单丝 0.50 mm
经线密度	280.0 根/10 cm
纬线	单丝 0.50 mm 和细纱（短纤纱）150 lex
纬线密度	206.0 根/10 cm
纵向抗拉强度	255 kN/m
横向抗拉强度	150 kN/m

续表

轴向线	单丝 0.50 mm
轴向线密度	280.0 根 /10 cm
圆周线	单丝 0.50 mm 和细纱（短纤纱）150 lex
圆周线密度	206.0 根 /10 cm
开放面积	1%
纵向	60%
横向	45%
孔隙容积	47%
纵向	0.01 mm
横向	0.14 mm

真空皮带脱水机的滤布张紧装置采用人为机械张紧，方法是靠导轨上面的定位螺栓先将张紧辊定位，然后通过紧或松张紧辊上部的张紧螺栓来调整滤布的张紧度。脱水皮带机滤布张紧装置人工调整示意图如图 5-5 所示。

图 5-5　脱水皮带机滤布张紧装置人工调整示意图

真空皮带脱水机运行过程中，需经常对滤布的张紧度进行检查，定期人工及时调整滤布的张紧度，滤布张紧度调整不及时，会出现因滤布张紧度过大造成滤布托辊拉断或滤布撕裂问题。人为机械调整滤布张紧度很难保证滤布两侧张紧度大小一致，当滤布两侧张紧度大小不一时，将会出现滤布跑偏现象。滤布跑偏是真空皮带脱水机常见问题，为了确保脱水系统的稳定运行，在皮带脱水机滤布两侧设有滤布跑偏开关。当滤布跑偏到一定程度后，滤布碰触到开关，就会发出滤布跑偏报警信号；滤布逐渐偏离中心，真空值明显发生变化，且滤饼含水量增大；当滤布跑偏达到一定程度，触发热控保护信号，系统会自动紧急停车。滤布跑偏还容易造成滤布出现褶皱，缩短滤布的使用寿命。

（二）改造方案

为了防止因滤布张紧度调整不及时造成滤布托辊拉断或滤布撕裂问题的发生，决定对滤布张紧装置进行改造，使滤布张紧装置可进行自动张紧，保证脱水系统的正常。将真空皮带脱水机滤布张紧辊（SEGZZJ.180）由原来的空心碳钢衬胶更换为实心碳钢衬胶，通过实心张紧辊的自身质量（750 kg）来张紧滤布，并将以前的槽钢导轨更换为尼龙导轨，减少轴头的磨损。脱水皮带机滤布张紧装置改造后示意图如图 5-6 所示。

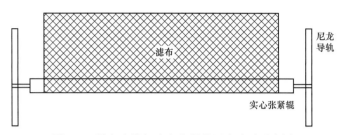

图 5-6　脱水皮带机滤布张紧装置改造后示意图

（三）改造效果

经过改造后，滤布在运行过程中张紧状态良好，两侧张紧度均匀，滤布托辊不再处在过度受力条件下，延长了滤布托辊的使用寿命。同时，滤布发生褶皱的概率减少，延长了滤布的使用寿命，也减少了真空皮带脱水机因为滤布跑偏跳闸的概率。改造后，脱水皮带机不需经常检查、调整滤布的张紧度，节省了人员的工作量，保证了脱水系统的正常运行。

二、真空泵系统及石膏旋流系统

案例一　石膏旋流系统改造实现废水连续排放

石膏旋流系统的作用是对石膏进行真空脱水前的预处理。石膏旋流器将石膏浆液进行固液初步筛选，底流含固量高于 30% 的浆液输送至脱水皮带机进行脱水处理，溢流含固量低于 7% 的浆液输送至废水旋流站进行废水处理或返回吸收塔。

（一）项目概况

某电厂 2×300 MW 机组采用石灰石－石膏湿法烟气脱硫系统，脱硫装置及其附属系统 2017 年随机组同步投入运行，石膏旋流系统采用聚氨基甲酸酯材质的石膏旋流器。

石膏旋流器主要参数见表 5-4。

表 5-4　　　　　　　　　　　石膏旋流器主要参数

设备名称	型号	给料含固量（%）	溢流含固量（%）	底流含固量（%）	进口流量（t/h）	材料
石膏旋流器	VV100-8-1/A-A/20	15	4.73	50	69.91	聚氨基甲酸酯

一般情况下，石膏旋流系统需在真空脱水系统运行的前提下才能启动，而废水旋流处理系统只有在石膏旋流器运行后才有水源，废水处理系统的投运时间取决于真空脱水皮带机的运行时间。在吸收塔入口硫分低或机组负荷低时，常常因真空脱水皮带机未达到运行条件，而影响废水处理系统的投运，使得废水处理量受限，导致浆液中的氯离子、重金属离子等得不到有效处理，从而影响脱硫吸收塔浆液指标。

（二）改造方案

为了提高脱硫系统废水处理能力，增加废水处理系统的投运时间，某电厂对石膏旋流站进行改造，在不影响石膏品质的前提下，提高石膏旋流站的运行时间，来增加废水处理系统的运行时间。将每台石膏旋流站底流管改成三通管件，其中一路沿原有管路与分配阀连接，石膏浆液密度满足要求时正常进行石膏脱水处理；另一路通过新增管道与旋流站溢流返塔管路连接，在石膏浆液密度不满足石膏脱水要求时，将底流浆液输送回吸收塔；分别在新增三通管件两个出口加装衬胶蝶阀，根据需要进行切换，在不影响真空皮带脱水机正常投运的前提下，保证了废水处理系统的投运时间，提高了废水排放量。石膏旋流器底流改造示意图如图 5-7 所示。

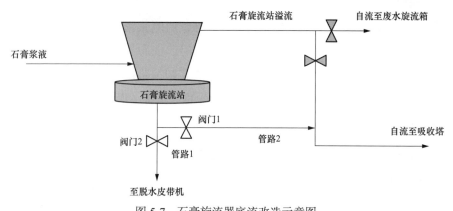

图 5-7　石膏旋流器底流改造示意图

注：管路 1 为原系统管路，管路 2、阀门 1、阀门 2 为新增设备。

（三）改造效果

（1）提高了真空皮带脱水机的石膏品质。通过石膏旋流器底流浆液返回吸收塔，避免了真空皮带机在浆液密度低时的运行。改造后，进入真空皮带机的浆液密度可达到 1150 kg/m³以上，石膏在滤布上的厚度增加，浆液的二水硫酸钙成型更好；同时，皮带机运行过程中更易形成较高的真空度，从而减少了石膏的含水率，提高了销售竞争力。

（2）提高了吸收塔浆液品质。吸收塔中的酸不溶物主要由石灰石中的杂质和烟气中的飞灰组成，其含量过高会导致吸收塔起泡溢流、石灰石活性变差、石膏脱水性能差等问题。一般酸不溶物的含量应控制在 4% 以下，进行废水处理能有效地降低浆液中的酸不溶物含量。浆液中氯离子含量过高会加速金属设备的腐蚀，吸收塔对氯离子浓度的承受能力一般为 20 g/L，日常运行中为了保证脱硫系统的安全稳定运行，一般控制在 10 g/L 以下。降低浆液中的氯离子浓度的有效途径是进行连续废水排放和处理。系统改造后，废水的排放处理没有了限制，吸收塔的浆液氯离子和酸性不溶物浓度得到了有效的控制。

（3）降低了真空皮带机与真空泵的运行时间，节能降耗效果显著。真空泵一般是 6 kV

设备，功率为 300 kW，改造前，真空泵的日平均使用时间超过 8 h，而改造后，真空泵的日平均使用时间降低至 5 h，一年节省电耗约 30 万 kWh。另外，真空皮带机的易损耗件较多，滤布是最大的一个。随着运行时间的增加，滤布会被刮刀、纠偏装置、支撑轴承等磨损切割，导致损坏，一般情况下，滤布的寿命在半年至一年。真空脱水系统运行时间的降低减少了滤布的损耗，使滤布的更换频次降低，脱水皮带机的检修的次数减少，对脱硫系统的稳定运行起到了良好的作用。

案例二 汽水分离器废水循环系统改造

在石膏进行真空脱水过程中，真空盒内的空气和滤液到达气水分离器被分离，分离出的滤液通过管道流入过滤水地坑（或过滤水箱），而空气则通过真空泵排至大气。汽水分离器设备结构原理简单，内部气、液介质共存，其分离出的滤液水的氯离子含量有时会偏高。

（一）项目概况

某电厂 2×330 MW 机组采用石灰石 - 石膏湿法烟气脱硫系统，脱硫装置及其附属系统 2014 年随机组同步投入运行。石膏真空脱水系统配有汽水分离装置。汽水分离器为碳钢衬胶材质，直径 1.8 m，底部连接过滤水地坑，排出脱水皮带机滤液水，顶部与真空泵吸气口相连。

吸收塔浆液经过烟气的连续蒸发浓缩，氯离子含量较高。由于石膏购买方对石膏的品质要求较高，石膏脱水系统设置了滤饼冲洗水系统，石膏必须经过滤饼冲洗水冲洗后，品质才达到要求。对石膏的冲洗减少了其中携带的氯离子，但存在一定的问题。滤饼冲洗水冲洗石膏之后，由负压作用抽至汽水分离器，经底部管道排放至过滤水地坑，再回收至脱硫系统进行利用；石膏中的氯离子又回到了脱硫系统，这造成吸收塔浆液氯离子外排效果不佳。汽水分离器底流滤液水含固量不足 0.1%，完全优于废水处理的要求，具备废水处理能力。

（二）改造方案

为了提高脱硫系统废水处理能力，增加废水排放处理量，减少因废水携带的石膏浆液造成废水沉淀周期长的情况，电厂对汽水分离器进行改造。在不影响脱水皮带机正常运行的前提下，将汽水分离器底排滤液水输送至废水处理系统。因滤液水含固量低，经过废水加药处理后，在澄清浓缩罐内短时间即可沉淀完毕，增加了单位时间内的废水处理量。在汽水分离器至过滤水地坑管道上增加三通管道，其中一个出口与原有管道相连接，另一个出口通过增加管道引至压滤水地坑，流入压滤水地坑的滤液水通过压滤水地坑泵输送至废水三联箱进行废水处理；两路管道上均增加电动门，通过两个阀门的切换改变汽水分离器底流皮带机滤液的去向，改造共计消耗 DN100 碳钢衬胶管道 40 m，DN100 弯头 10 个。汽水分离器改造示意图如图 5-8 所示。

（三）改造效果

系统经过改造后，废水系统增加了一路水源，一定程度上增加废水排放量，优化了脱硫系统的浆液指标。由于汽水分离器底流滤液水含固量不足 0.1%，氯离子及金属离子含量

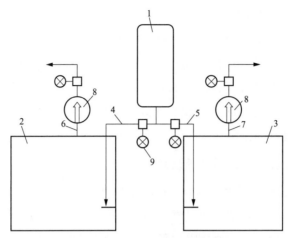

图 5-8　汽水分离器改造示意图

1—汽水分离器；2—过滤水地坑；3—压滤水地坑；4—原汽水分离器底排管；5—新增至压滤水池管道；
6—过滤水地坑入口管；7—压滤水地坑入口管；8—地坑泵；9—新增电动门

与石膏旋流站溢流浆液基本一致，指标完全优于废水处理的要求，因此处理起来相对容易。滤液水的含固量低，可以减少对废水系统的磨损，提高了废水处理系统设备运行周期；同时缩短了废水在澄清浓缩池中的沉淀絮凝时间，提高了废水单位排放量，也在一定程度上减少压滤机污泥排放量。

案例三　真空泵排汽管增加重力沉降式气水分离器

真空皮带脱水负压系统选用的设备一般是水环真空泵。水环真空泵入口的工作介质是经滤布过滤后的水（含固量较低的浆液），其工作环境影响因素较多，如浆液密度、滤布透气率（目数）、旋流器工况、脱水机密封带间隙、密封水量等。环境因素的变化、脱水机工作状态以及停机时对滤布冲洗方式的转变，都会引起真空泵的入口负压产生波动，从而影响真空泵进、出口流体的流速，进而对介质的分离、去向产生影响。

（一）项目概况

某电厂 2×660 MW 机组，2012 年投产运行，烟气脱硫装置采用石灰石－石膏湿法烟气脱硫系统，石膏脱水负压系统采用水环真空泵。

水环真空泵主要参数见表 5-5。

表 5-5　　　　　　　　　　　　　　水环真空泵主要参数

设备名称	真空度（kPa）	密封水量（m³/h）	转速（r/min）	额定功率（kW）	极限压力（hPa）	最大抽速（m³/min）	材质
真空泵	53	10	460	132	160	105	铸钢

进入真空负压系统的气体中携带的大部分液滴会在真空泵入口处的气水分离器中得到沉降，但仍有一部分液滴来不及沉降，在真空泵的负压作用下被强制吸入真空泵内。这些

多余的液滴被真空泵的液环"压出"至排气侧，而且压缩过程中由于温度变化会产生冷凝液。随排气排出的液体一部分会在真空泵出口处的气水分离器中沉降，但仍有一部分未能沉降的液滴被排空至大气中。这些液滴排入大气，会导致环境的二次污染等问题。

真空泵出口处设置的沉降式气水分离器是根据容积突然扩大、流速降低的原理实现气液分离，这种沉降式气水分离器的内部无导流叶片，流体"湍流"现象明显，会导致真空泵出口管道产生较大的振动，噪声非常大；同时，在真空泵出口气流转折处，细小液滴会碰撞管壁并回流入真空泵中，可能会造成真空泵过负荷现象，存在安全隐患。

（二）改造方案

经过专业技术人员的研究，决定在真空泵出口处的沉降式气水分离器后方的垂直管段上再安装一个重力沉降式气水分离器。重力沉降式气水分离器由入口至出口方向依次设为扩散区段、大内径区段和汇流区段，扩散区段由入口至出口方向内径逐渐变大，汇流区段由入口至出口方向内径逐渐变小，三个区段的轴心线重合；扩散区段和汇流区段的最大过流面积为真空泵出口管道的过流面积的 4 倍，大内径区段的过流面积为真空泵出口管道的过流面积的 6 倍。

重力沉降式汽水分离器结构示意图如图 5-9 所示，大内径区段的底部设置漏斗形状的集液室，集液室的底部出液口上设置排液法兰，可与排水管道连接，集液室的顶部进液口处设置折流板托架，托架上设置折流板，折流板由平行间隔排列的折流片和将其连接到

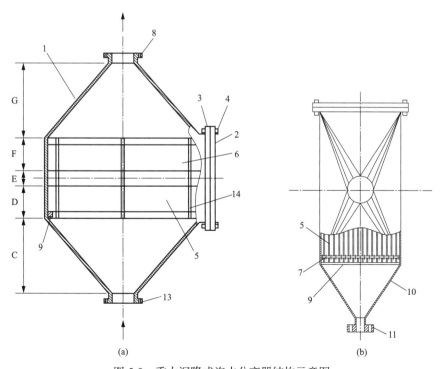

图 5-9　重力沉降式汽水分离器结构示意图

（a）主结构侧视图；（b）主结构俯视图

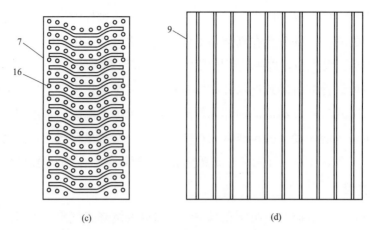

图 5-9　重力沉降式汽水分离器结构示意图（续）

（c）补水盘与折流片示意图；（d）折流板托架示意图

1—壳体；2—端盖；3—端盖法兰；4—端盖固定螺栓；5，6—级折流板；7—补水盘；8—出口法兰；9—折流板托架；

10—集液室；11—排液法兰；12—密封垫片；13—入口法兰；14—连接筋板；15—壳体的中心线；16—落水孔；

C—扩散区段；D——级折流区段；E—沉降区段；F—二级折流区段；G—汇流区段

一起的捕水盘组成，捕水盘上设置落水孔；补水盘与折流片示意图如图 5-11（c）所示，折流板托架示意图如图 5-12（d）所示。

（三）改造效果

新增的重力沉降式气水分离器占地面积小，成本投资低。改造后除湿效果良好，减少了真空泵排入大气的液滴量，避免了环境的二次污染，有利于现场标准化治理的开展；在冬季也避免了排入大气的液滴附着在高空建筑上形成冰块危险源。同时，分离器存在折流板，降低了"湍流"现象的影响，起到消除噪声的作用。

第二节　故障处理案例

一、脱水皮带机

案例一　滤布跑偏造成真空脱水皮带机跳闸

（一）故障概况

某电厂真空脱水系统 2014 年随机组投入运行，真空皮带机滤布纠偏装置为气囊纠偏方式（如图 5-10 所示）。真空皮带机具体参数见表 5-6。

表 5-6　　　　　　　　　　　真空皮带机设备参数

设备名称	过滤有效面积（m²）	滤带有效宽度（mm）	操作真空度（MPa）	滤饼含固量（质量含量）（%）	滤带运行速度（m/min）
真空脱水皮带机	21.6	1800	0.053	90	2～12

2019 年 8 月等级检修期间，对 1 号真空皮带脱水机滤布纠偏气囊进行检查更换；2020 年 5 月，1 号真空皮带脱水机驱动侧滤布左跑偏，引起脱水皮带机保护跳闸。对 1 号脱水机进行故障排查，发现真空脱水皮带机纠偏装置左侧气囊出现贯穿裂口（如图 5-11 所示）。由于纠偏装置左侧气囊漏气，在真空脱水皮带机滤布发生左跑偏时，纠偏装置未能正常动作，滤布持续向左跑偏，触碰左偏保护限位开关造成皮带机保护跳闸；更换左侧纠偏气囊后，真空脱水皮带机运行正常。更换纠偏气囊如图 5-12 所示。

图 5-10　气囊纠偏装置

图 5-11　纠偏气囊里侧出现贯穿裂口

图 5-12　更换纠偏气囊

（二）原因分析

（1）1 号脱水机纠偏装置气囊动作时受金属腰环摩擦影响，气囊沿根部开裂发生漏气，导致纠偏装置工作失效。运行人员在巡检过程中未通过气囊漏气的声音及时发现缺陷。

（2）专业管理不到位，对已发生的缺陷未进行同类别治理，缺陷分析管理存在不足。在设备发生故障前一周曾发现 1 号脱水机纠偏装置右侧气囊中间腰环根部存在裂纹，左侧气囊检查无异常。由于专业人员对气囊老化周期掌握不精确，只对右侧损坏气囊进行了更换，而未对左侧气囊进行预知性更换。

（三）处理措施

（1）将现用有金属腰环的气囊更换为不含金属腰环的一体式气囊，缓解气囊根部在充、放气中与金属的摩擦，延长使用周期。

（2）对气囊的压力进行调整，按照厂家给定标准重新核对气囊的工作压力，使其在最优的压力范围内。

（3）对比气缸与气囊的性能参数，结合现场的使用环境，选择可靠性高的纠偏部件。

（4）统计纠偏装置的动作频次，调整纠偏装置的纠偏行程，减少纠偏装置的频繁动作，降低气囊的磨损，提高滤布运行的稳定性。

（5）定期开展气囊内部裂纹检查、轨道润滑工作，并有针对性地进行事故预想，防止类似事件再次发生，提高设备安全可靠性。

（6）严格执行检修作业文件包工序和质检点要求，做好检修维护过程的指导和验收管控工作。

案例二　滤布张紧托辊轴承损坏

（一）故障概况

某电厂脱水系统 2012 年随机组投入运行，其滤布张紧装置采用钢托辊作为支撑，两侧通过安装轴承进行扭矩传递。真空脱水皮带机设备参数见表 5-7。

表 5-7　　　　　　　　　　真空脱水皮带机设备参数

设备名称	过滤有效面积（m²）	滤带有效宽度（mm）	操作真空度（MPa）	滤饼含固量（质量含量）（%）	滤带运行速度（m/min）
真空脱水皮带机	21.6	1800	0.053	90	2～12

图 5-13　张紧托辊轴承座损坏

2019 年 8 月等级检修期间，对 1 号真空皮带脱水机更换托辊轴承。2020 年 10 月 20 日，1 号真空皮带机保护跳闸。对 1 号脱水机进行故障排查，发现真空脱水皮带机滤布跑偏，张紧托辊轴承附近有滚珠滑落。初步分析为由于托辊轴承损坏（如图 5-13 所示），造成滤布跑偏；对张紧托辊两侧轴承进行更换后，重新启动真空脱水皮带机，运行正常。

（二）原因分析

（1）1 号真空皮带机滤布张紧托辊左侧轴承损坏，轴承内滚珠脱落，托辊中心水平位置偏移，导致滤布左侧比右侧松，发生跑偏现象，触发保护开关后真空皮带机保护跳闸。

（2）设备日常维护工作不到位，检修人员未做好滤布张紧托辊轴承日常巡检及维护工作，未能及时发现滤布张紧托辊轴承存在的问题，导致设备跳闸。

（三）处理措施

（1）制定张紧托辊轴承等检修项目的设备更换时间统计表。

（2）点检人员每天检查滤布张紧托辊轴承是否有温度偏高、异音等异常现象。

（3）按照定期加油标准做好托辊轴承的加油工作。

案例三　真空脱水皮带机裙边脱落导致皮带机跑偏跳闸

（一）故障概况

某电厂脱水系统 2016 年随机组投入运行，脱水皮带机的皮带采用平行胶带与波浪形裙边黏连的方式。真空脱水皮带机主要参数见表 5-8。

表 5-8　真空脱水皮带机主要参数

设备名称	过滤有效面积（m^2）	滤带有效宽度（mm）	操作真空度（MPa）	滤饼含固量（质量含量）（%）	滤带运行速度（m/min）
真空脱水皮带机	21.6	1800	0.053	90	2～12

2020 年 4 月等级检修期间，对 1 号真空皮带脱水机进行裙边检查及修复。2020 年 5 月 31 日，1 号脱水皮带机运行过程中发生滤布跑偏保护跳闸。就地检查发现皮带机左侧皮带裙边脱落，皮带机跑偏限位保护开关被脱落的裙边触碰，引起设备跳闸；对脱落的裙边进行黏接后重新启动真空脱水皮带机，运行正常。

（二）原因分析

（1）等级检修期间对脱水皮带机进行裙边修补工作时，使用的黏合剂不合格，导致裙边黏接不牢固，运行过程中发生脱落。

（2）皮带机裙边的黏接工作结束后，未做裙边黏接拉力试验，且运行过程中未能及时发现并消除皮带机裙边存在的开胶风险。

（3）设备启动前检查不到位，未能发现皮带机裙边处存在开胶脱落的隐患。

（三）处理措施

（1）采用符合标准的黏接剂，并严格按照黏接流程进行黏接作业，黏接完毕后应养护 12 h 以上。

（2）黏接养护完毕后，应做裙边黏接拉力试验，验证黏接是否牢固。

（3）皮带机启动前，应确认裙边是否有黏接不牢固的现象，是否存在脱落风险；设备启动后，运行人员应就地观察皮带机运转一周，发现没有故障风险后方可离开。

二、真空泵

案例一　真空泵密封冷却水流量低导致真空泵故障

（一）故障概况

某电厂真空脱水系统 2008 年随机组投入运行，真空泵的密封冷却水与泵体补水分两路管道，水源采用工艺水，并通过机械流量计进行流量计量。真空泵参数见表 5-9。

表 5-9　　　　　　　　　　　　　　真 空 泵 参 数

设备名称	真空度 （kPa）	密封水量 （m³/h）	转速 （r/min）	额定功率 （kW）	极限压力 （hPa）	最大抽速 （m³/min）	材质
真空泵	53	10	460	132	160	105	铸钢

图 5-14　流量计测量装置

2019 年 10 月等级检修期间，检修人员未对真空泵密封水进水管进行检查清理。2020 年 2 月 25 日，2 号真空泵正常运行，电流 206 A，密封水流量 5.5 m³/h。10:32，2 号真空泵因密封水流量低保护跳闸。就地检查 2 号真空泵密封水流量计显示 0 m³/h，对密封水补水手动阀进行开关操作后，流量恢复至 6 m³/h。启动 2 号真空泵运行正常，电流 204 A。

2 号真空泵停运后，对密封水进水流量管道进行检查，发现流量计叶轮处附着细小颗粒杂质。初步分析为杂物堵塞流量计，造成进水流量低引起真空泵保护跳闸。流量计测量装置如图 5-14 所示。

（二）原因分析

（1）由于机械流量计叶轮处有磁性装置，且真空泵密封水进水水质不好，含金属杂质，导致杂质在流量计叶轮处被吸附，积累多了将叶轮卡住，造成密封水流量计显示为零。

（2）真空泵密封水进水管设备不完善，来水母管上未加装管道过滤器等设备。

（3）设备定期维护不到位，未对真空泵密封水流量计进行定期检查清理。

（4）检修工作存在缺项漏项问题，检修期间未安排对真空泵密封水进水管路进行检查清理。

（三）处理措施

（1）在真空泵密封水来水母管上加装管道过滤器，并将过滤器清理列入定期工作。

（2）对工艺水箱定期开展冲洗、清理工作，防止杂质进入系统，对管道、流量计等设备造成影响。

（3）加强对工艺水水质的检测，出现水质不合格情况，及时进行联系调整，改善水质。

（4）严格执行检修作业文件包工序和质检点要求，做到检修维护过程的指导、验收管控工作规范、有效。

案例二　真空泵启动负载大导致过载保护跳闸

（一）故障概况

某电厂脱硫系统 2010 年随机组投入运行，真空脱水系统采用水环真空泵。水环真空泵启动前需对真空泵进行补水，待补水量到一定位置，启动后才可以在水环的密封下形成负压。水环真空泵一般设有补水管与排水管，启动前打开补水管进行补水，泵体内的水达到一定水量后会从排水管自动排出。真空泵运行中应保持一定的补水量，防止泵体内水量减少导致水环破坏。真空泵启动允许条件设计为：打开真空泵补水阀门，在补水流量满足要求，确认有水流入真空泵腔室时，方可启动真空泵，真空泵启动允许条件逻辑图如图 5-15 所示。真空泵具体参数见表 5-10。

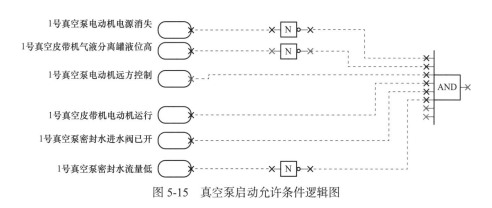

图 5-15　真空泵启动允许条件逻辑图

表 5-10　　　　　　　　　　　　真空泵参数

设备名称	真空度（kPa）	密封水量（m³/h）	转速（r/min）	额定功率（kW）	极限压力（hPa）	最大抽速（m³/min）	材质
真空泵	53	10	460	132	160	105	铸钢

2020 年 9 月等级检修期间，检修人员未对真空泵排水管进行检查清理。2020 年 10 月 25 日，吸收塔浆液密度 1130 kg/m³，运行人员准备启动石膏脱水系统。启动 2 号石膏输送皮带机、2 号滤布冲洗水泵，打开 2 号真空泵补水门对真空泵进行补水，补水流量为 7 m³/h；补水约 5 min 后，启动 2 号真空泵，启动电流最高达到 559 A，真空泵事故跳闸；就地真空泵有转动现象，PC 段检查故障原因，显示电动机过载跳闸。

对 2 号真空泵进行故障排查，检修人员进行真空泵盘车，设备转动顺畅无卡涩。就地检查发现，在真空泵进水管阀门关闭后，泵体无水源补充时，排水管仍有水流出，初步分析为真空泵腔室内积水过多，造成真空泵启动负载增大引起真空泵过载保护跳闸。

对真空泵补水管和排水管进行检查，进水管阀门无内漏现象，排水口浮球外侧管道发现有结垢现象（如图 5-16 所示）；对排水管垢体进行清理疏通后，重新启动设备，真空泵运行正常（如图 5-17 所示）；真空泵启动电流 208 A，空载运行电流 154 A，空载负压 -2 kPa。

图 5-16　真空泵排水口内部结垢

图 5-17　真空泵排水口清理结垢后

（二）原因分析

（1）真空泵排水管结垢，排水不畅，排水量小于补水量，导致泵腔内积水过多，启动过载。

（2）真空泵补水时间过长。一般情况下，打开真空泵补水阀后，确定泵体进水就可以进行真空泵的启动。此次事件中，真空泵的补水时间约 5 min，导致补水量过大，真空泵腔内水量过多。

（3）检修工作存在漏项，检修期间未对排水管路进行检查，未对真空泵排水管结垢进行清理，造成排水不畅。

（三）处理措施

（1）对真空泵进水流量进行优化调整，将真空泵进水流量控制在 3.5～4 t，在满足真空泵启动运行补水要求的前提下，确保不过载启动。

（2）将真空泵溢流管道的检查清理纳入定期工作任务，根据结垢周期对真空泵溢流口进行检查清理。

（3）在等级检修期间，做好对排水管等隐蔽环节的检查工作，防止因检查不到位，导致设备存在运行隐患。

（4）在进行真空泵启动时，缩短补水门开启与真空泵启动的时间间隔，打开补水阀立即启动真空泵，防止腔室内积水过多引起设备启动过载。

第六章 吸收剂制备系统

石灰石－石膏湿法脱硫工艺吸收剂制备系统主要设备一般包括：石灰石装卸和存储设备、石灰石浆液制备设备和石灰石浆液存储设备。石灰石制浆通常有2种方式：干式制浆和湿式制浆。干式制浆是石灰石块经过初步破碎（或粗破碎）后，经筛选机筛选，直径过大的石灰石返回再次破碎，直径符合要求的石灰石送入干式磨机磨成一定粒度的石灰石粉，最后，送入制浆池配成一定浓度的浆液。干式制浆系统可以选用立式旋转磨机或卧式钢球磨。湿式制浆系统的工艺流程与干式相比，二者在石灰石块入磨机之前的工序基本相同，进入磨机后，湿式制浆是直接将一定粒度的石灰石块制成浆液，经水力旋流器分离后，合格的浆液进入石灰石浆液箱备用，不合格的返回湿磨机。湿式制浆系统一般采用卧式钢球磨。

干式、湿式两种制浆系统在我国投运的脱硫装置中都有应用，但湿式制浆系统投资小，占地面积小，可靠性高，电耗低，调节方便，在不考虑售卖石灰石粉的情况下，湿式制浆系统比干式制浆系统更有竞争力。湿式球磨机制浆系统如图6-1所示，湿式球磨机现场图如图6-2所示。本章主要介绍了石灰石浆液制备系统的设备治理、系统优化以及故障分析的案例。

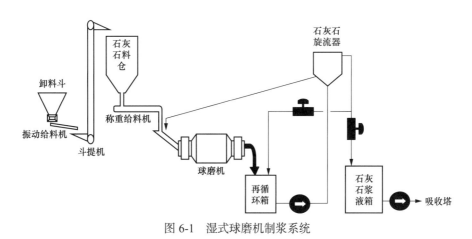

图 6-1　湿式球磨机制浆系统

第一节　治理改造案例

湿式球磨机由水平筒体、进出料空心轴及油系统等组成，常见故障主要有磨机出力不

图 6-2　湿式球磨机现场图

足、磨制浆液不合格、入料管密封频繁泄漏等。本节主要介绍湿式球磨机进料密封改造、排渣改造和上料系统优化改造等案例。

案例一　湿式球磨机进料口密封改造

湿式球磨机运行中容易出现入口密封处浆液泄漏、旋转密封装置磨损等现象。技术人员提出采用机械密封代替原有的填料密封的改造方案。球磨机入料口进行机械密封改造后，使用情况良好。

（一）项目概况

某电厂 2×660 MW 燃煤发电机组 2011 年投产，采用石灰石－石膏湿法脱硫工艺，1炉 1 塔配置，2 套脱硫系统共用一套吸收剂制备系统。吸收剂制备系统采用 2 台湿式溢流型球磨机，磨机入料口密封采用石棉橡胶材料密封。湿式球磨机入料端示意图如图 6-3 所示。湿式球磨机主要参数见表 6-1。

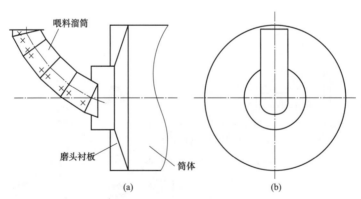

图 6-3　湿式球磨机入料端示意图
（a）侧视图；（b）正视图

由于石棉橡胶材料耐磨性不好，磨机长时间运行时达不到良好的密封效果。该电厂磨机平均运行时长 10 h/ 天，运行时间较长，磨机运行时磨机入料端密封达不到良好的密封效果，需随时更换密封垫以保证不会漏浆；每次更换新的石棉橡胶密封垫后，使用 45 天就开

表 6-1 湿式球磨机主要参数

项目	参数	项目	参数
型号	FGDM2458	给料粒度（mm）	≤20
系统生产能力（t/h）	8.2	筒体慢传转速（r/min）	0.28
筒体内径（mm）	2260	筒体工作转速（r/min）	21.7
筒体有效长度（mm）	5800	研磨体最大装载量（t）	28
磨机有效容积（m³）	23.27	推荐装球量（t）	21~26
进料溜管直径（mm）	360	进料螺旋进料口直径（mm）	380

始漏浆（如图 6-4 所示），既影响现场卫生环境，漏浆严重的情况下还可能导致轴瓦油系统进浆，影响设备的安全可靠运行。入料端密封漏浆容易造成浆液倒灌至磨机轴瓦处，随润滑油的循环返回到润滑油站，造成润滑油失效，清理油站工作量较大、更换油站润滑油费用较高，对于机组安全运行有较大的风险，且更换润滑油站润滑油（一次 1200 L）需要磨机停运最少 72 h 才能完成；经常停机检修、清扫漏料还会影响石灰石浆液的制备，在磨机无备用状态下，可能因供浆不及时导致环保排放超标事件。因此决定彻底治理磨机进料口密封泄漏的问题，技术人员通过分析对比，最终确定改造进料口，通过安装自调式机械密封来治理磨机进料口频繁泄漏的问题。

图 6-4 磨机漏浆现场图

（二）原因分析

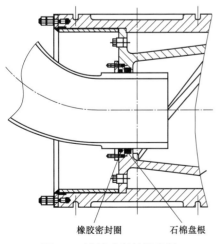

图 6-5 填料式密封示意图

填料密封采用结构简单的进料弯管形式，由一根弯管直接与进料衬套配合，给料弯管固定在基础上，不随回转部件转动。填料方式是在给料弯管与转动部件之间有一个转动密封结构，填料密封采用在进料衬套上加工沟槽，在结合面处填充橡胶条、石棉盘根、V 形密封与羊毛毡等。填料密封使用聚氨酯垫，通过压板固定在进料衬套上，进料管穿过聚氨酯垫进行密封，这种密封结构的缺点是磨损快、效果差、寿命短。由于球磨机进料处工况比较恶劣，球磨机频繁发生漏浆，不仅影响工作环境、危害工人身体健康，而且需经常停机检修、清扫漏料，从而影响磨机投运率。填料式密封示意图如图 6-5 所示。

橡胶密封圈 石棉盘根

填料密封的泄漏原因总结为：

（1）进料装置的密封主要由进料弯管和进料衬套等件组成，不能形成完好的密封面。

（2）进料弯管与锥形给料器连接相对于筒体静止不动，进料衬套与进料端盖连接随筒体转动，目前密封采用的密封材料耐磨损性能和变形恢复性能相对较差。

（3）石灰石颗粒、旋流器底流浆液、工艺水、过滤水等通过进料弯管和进料衬套进入筒体，随着磨机的运转会产生大量的带浆水汽；入料口温度相对磨机内部温度较低，容易产生水汽凝结，形成泄漏。

（4）因为进料弯管和进料衬套之间是间隙配合，磨机运行时主轴浮起，间隙发生变化，造成密封不严。

（三）改造方案

利用机组停运检修的机会，于2020年5、10月分别对2台磨机进行了改造，将原填料密封拆除，改成新型自调式机械密封。自调式密封装置由动环部、静环部组成，动环座安装于进料衬套上，静环座安装在进料管上。机械密封的材质是碳化钨硬质合金，采用压缩弹簧实现自动补给摩擦环磨损损耗；机械密封设有水冲刷装置，磨机工作时引入工艺水作为密封水，防止筒体内浆液进入密封装置。自调式机械密封示意图如图6-6所示。

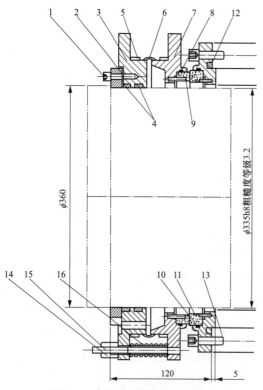

图6-6　自调式机械密封示意图

1，13—螺钉；2—焊接板；3—弹簧座；4，8，10，12—O形圈；5—卡箍；6—橡胶套；7—静环座；9—静环摩擦环；11—动环摩擦环；14—螺母；15—螺栓；16—弹簧

采用新型自调式机械密封作为磨机进料口密封的原因主要有：

（1）机械密封的动环和静环采用整体碳化钨硬质合金耐磨材料，不易磨损。

（2）机械密封动环和静环的配合面采用超镜面加工技术，配合精度高，湿式球磨机运行或停止时入口密封不泄漏。

（3）自调式密封装置采用无轴承式结构，且弹簧外置不接触介质，同时弹簧弹力设计了均匀旋转式开闭，转动灵活、无卡涩。

（4）密封装置结构紧凑，占用空间小。

（5）采用进水管送水冲刷装置，防止筒体内浆液进入密封装置。

安装新型自调式机械密封的具体实施过程是拆除现有填料密封所有部件，检查确保现有进料溜管完好，原填料密封部位无明显磨损，溜管内部磨损不超过1/4；将焊接板和机械密封的静环依次套入进料管，推入到位，将焊接板与机械密封的静环分离，和进料管焊接在一起，焊接点采用多点焊接，防止焊接时产生高温损坏橡胶 O 形圈；焊接板与进料管焊接牢固冷却后，再次将焊接板和机械密封的静环连接；将机械密封的动环装入密封腔体内，用螺钉连接固定；将安装在进料管支架上的机械密封静环与磨机组装；调整机械密封动环与静环同心度、垂直度，将静环面与动环面自然贴紧，确保运行时不会松动改变受力方向。拆除预限位螺栓，使用并联的方式连接机封冲洗水。安装示意图如图 6-7 所示。

磨机进料密封装置改造的费用预算见表 6-2。

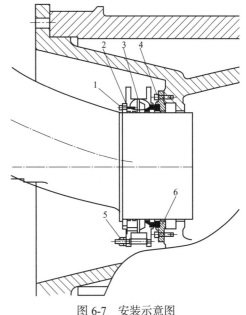

图 6-7　安装示意图

1，6—螺栓；2—焊接板；3—静环；4—动环；
5—预限位螺栓

表 6-2　　　　　　　　　　磨机改造进料密封费用预算

序号	物资名称	单位	数量	单价（元）
1	进料溜管	件	2	30000
2	左旋进料衬套	件	1	10000
	右旋进料衬套	件	1	10000
3	自调式密封装置	套	2	160000
4	人工	工日	6	1800

（四）改造效果

单台磨机入料端密封使用 1 年半时间和改造前 1 年半的安全性对比见表 6-3，经济性方面对比见表 6-4。

表 6-3　　　　　　　　　　安 全 性 对 比

密封方式	1.5 年周期内泄漏次数	因泄漏造成设备停运时间	泄漏造成后果	检修周期	检修周期需要工日	备注
填料式密封	12	158 h	造成润滑油站进浆，导致磨机停运 72 h 紧急抢修	45 天	3	其中因泄漏造成油系统进浆 72 h，其他泄漏处理 96 h
可调式机械密封	0	0	无	2 年	1	检修周期计划 2 年，按照正常使用情况 1 年度内不需要检修

表6-4　　　　　　　　　　　　　　　经 济 性 对 比　　　　　　　　　　万元

密封方式	1.5年备件费用	1.5年检修维护所需要工日折合金额	检修周期所需配件费用	改造费用	备注
填料式密封	4	3.5	0.05	0	厂家自带，不考虑改造费用
可调式机械密封	0	0	0.3	8	后期检修一般只需要对动静环进行研磨

对密封装置改造前后的经济性和安全性进行对比，从安全性来看，可调式机械密封极大地优于填料式机械密封；从经济性来看，可调式新型机械密封虽然初期投入费用大，但是以两年内的维修总费用进行比较，基本持平。总体来看，本次改造为系统和设备的安全稳定运行带提供了保障，也提高了公司的经济效益。

总之，本次改造解决了湿式球磨机入料口漏浆的问题，而且达到了基本免维护的状态，只需要日常维护时关注密封水的投入情况，提高了球磨机的投运率。改造至今未发生损坏泄漏情况，解决了因为泄漏造成的环境污染问题，使球磨机房长期保持在一个洁净的工作环境中；同时减少了因此而消耗的大量人力物力，设备维护量和资金投入大幅降低。湿式球磨机入料端改造后现场如图6-8所示。

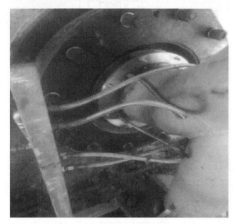

图6-8　湿式球磨机入料端改造后现场图

案例二　湿式球磨机出口排渣管治理改造

为解决湿式球磨机排渣口废渣黏结堵塞问题，技术人员提出在工艺水管道至湿式球磨机排渣口中间安装一条输水管道，中间位置加装不锈钢球阀的改造方案，改造效果良好。

（一）项目概况

内蒙古某电厂2×600 MW燃煤发电机组2012年投产，采用石灰石–石膏湿法脱硫工艺，1炉1塔配置，2套脱硫系统共用一套吸收剂制备系统，吸收剂制备系统采用2台湿式溢流型球磨机。由于采购的石灰石中木屑等杂质偏多，2台湿式球磨机的排渣管下方都设置了储渣桶；储渣桶满后，人工将大块杂物拣出，再将剩余浆液转运至脱硫系统地坑进行倾倒。这种处理方式有一个弊端，储渣桶一旦倾倒不及时，会造成浆液溢流，污染地面。磨机排渣口示意图如图6-9所示。

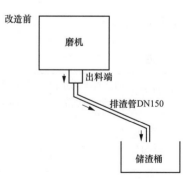

图6-9　磨机排渣口示意图

（二）改造方案

经过现场检查分析，确定造成湿式球磨机出料端频繁堵塞原因有：

（1）外界因素：当地石灰石矿中木屑等杂质偏多。

（2）设备实际缺陷：球磨机头部排渣口无冲洗水管路。

（3）人工清理的不及时。

正常情况下废渣在球磨机头部排渣口依靠重力滑落下来。但由于球磨机研磨出来的石灰石浆液具有一定的黏度，石灰石浆液和废渣混合后容易黏接在排渣口管道内，无法正常滑落。如果人工清理不及时，黏附物经过长时间的堆积了，当磨机再次运行时，容易造成排渣口堵塞，从而影响磨机的正常运行。

在做好石灰石进料品质监督的基础上，专业技术人员通过考察分析，提出了在湿式球磨机排渣口中间安装冲洗水管道的方案。水源引自工艺水管道，通过不锈钢球阀控制，排渣口底部将原有的储渣桶改为分离装置，将杂物与滤液有效分离。

利用现有球磨机出料端排渣口，增加输水管道、冲洗水控制阀、过滤器等装置。输水管道的出水端设置在排渣口；过滤器包括过滤器本体和过滤网，过滤网设置在过滤器本体内，过滤器设置在排渣口的下方；滤网包括支架及插设在支架上的矩形滤片，支架上设有多个矩形的滤片安装位，在支架安装位设有用于安装滤片的滑槽；磨机停运后，通过排渣管道新增的冲洗水对排渣管道进行冲洗，排渣管道内部的杂物滑落至分离装置，被分离装置中的不锈钢滤网隔离，不含杂物的冲洗滤液通过滤液引流管排入地沟回收，被过滤的杂物再进行清理，保证滤网清洁。湿式球磨机出口排渣管治理改造示意图如图6-10所示。

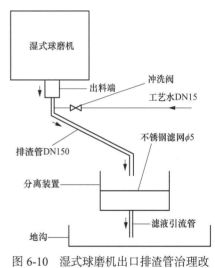

图6-10 湿式球磨机出口排渣管治理改造示意图

（三）改造效果

2016年底，湿式球磨机排渣治理改造工作结束。改造后的系统实现了杂物的自动分离与浆液回收，解决了排渣口频繁堵塞的问题，提高了工作效率，有效地降低了维护人员的工作强度，磨机排渣口处卫生差的现象得到了根治。

案例三 石灰石上料系统优化改造

脱硫石灰石上料系统是将石灰石石料运送至石灰石料仓供磨机使用，对设备可靠性要求较高。外购的石灰石中有部分尘土，尘土遇水会结块，容易造成石灰石上料系统堵料。堵料会造成埋刮板机负荷增大，长时间运行会导致埋刮板机的驱动轴、从动轴、刮板机链条等金属疲劳，容易发生链条断裂、驱动轴、从动轴断裂等故障。

（一）项目概况

山西某电厂 2×600 MW 燃煤发电机组分别于 2012 年 4 月和 10 月投产运行，采用石灰石－石膏湿法脱硫工艺，1 炉 1 塔配置，石灰石上料系统配置两套设备，各包含 1 台振动给料机、1 台除铁器、1 台斗式提升机、1 台埋刮板输送机、1 个石灰石料仓。外购块状石灰石，用自卸卡车运送至卸料斗，再通过振动给料机、除铁器、斗式提升机、埋刮板机送至石灰石料仓。改造前石灰石卸料系统如图 6-11 所示。

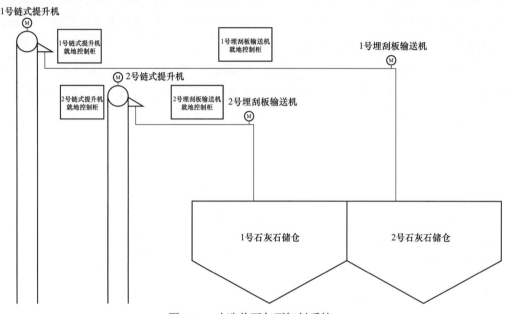

图 6-11　改造前石灰石卸料系统

主要设备参数：

斗式提升机：提升高度 42.3 m，输送量 160 m³/h，功率 37 kW；石灰石料仓：ϕ11 m×17.3 m，容积 1200 m³，筒体为混凝土，锥抖为钢结构分两仓布置；埋刮板机：规格 MS80×4620 mm-160 t/h，功率 7.5 kW；规格 MS80×9550 mm-160 t/h，功率 15 kW。

2013 年雨季期间，由于现场无封闭式石灰石堆料场地，石灰石颗粒内含水较多，密度大、质量重，而且有结块现象，造成埋刮板机负荷增大。由于磨机运行时间长，为保证料仓料位，埋刮板机需要长时间运行。埋刮板机对物料的适应性差，经常出现埋刮板机堵料、传动导链掉链等现象，对生产造成较大影响：块状物料在埋刮板机头部聚集，埋刮板机链轮运转时极易出现物料卡在链轮和链条之间，造成埋刮板机脱链、卡链；物料在埋刮板机内不断富集，最终卡住回程槽板，影响埋刮板机的正常工作；刮板链受力过大，也会出现链条断链、刮板挤弯的现象。

（二）改造方案

（1）拆除 2 台埋刮板机，在现有埋刮板机卸料孔预制的钢结构处，采用 8 mm 厚钢板进行封闭，在封闭钢板上方预留料位计监测孔，以便安装料位计。

（2）拆除 2 台斗提机至埋刮板机的卸料通道，根据石灰石料卸料最小坡度和料仓进口距离料仓中心的偏离情况，考虑是否需要安装振动器，使石灰石料流动更顺畅。经过计算，1 号斗提机落料口距离石灰石料仓中心 2 m，坡度大于最小坡度 6°，2 号斗提机落料口距离石灰石料仓中心 1 m，坡度与原始坡度基本没有变化。为了便于石灰石下料通畅，减小堵料的可能性，同时增加卸料通道的耐磨性，分别在通道内增设超高分子聚丙烯耐磨衬板。改造后石灰石卸料系统如图 6-12 所示。

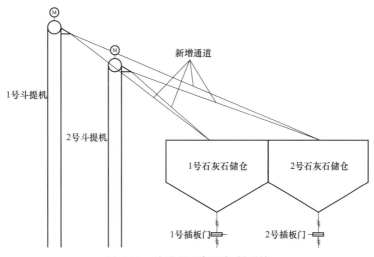

图 6-12　改造后石灰石卸料系统

（3）增加 1、2 号斗提机互通通道，在互通通道处设置手动隔离挡板，这样两台斗提机就可以互为备用，当其中一台斗提机故障后，料仓依然可以上料，保证磨机系统的正常运行。由于斗提机互通通道坡度小于最小坡度 5°，在斗提机互通通道分别设置 1 台振动机，同时加装超高分子聚丙烯耐磨衬板。

（4）利用 1、2 号埋刮板机电源作为振动器的电源，并在埋刮板机电源柜内增设适用于振动器的电动机保护器，确保振动器的安全使用；利用埋刮板输送机热控传输线作为振动器和新增料位计的传输电缆，并在 DCS 上调整系统操作及保护组态。

（三）改造效果

此次改造不仅简化了上料系统的运行维护，同时节省了运行维护费用。运行方面，以每年每台埋刮板机运行 4000 h 计算，每年可节省电量 9 万 kWh；埋刮板机的维护费用、备件费用每年节省 2 万元。

案例四　石灰石粉仓系统与磨机浆液系统互通改造

（一）项目概况

某电厂 2×320 MW 供热机组同步建设两套石灰石–石膏湿法脱硫系统，脱硫系统共设置两套公用石灰石储存及浆液制备系统。石灰石颗粒（石灰石粒度小于或等于 20 mm）经汽车运输卸至卸料斗，再经斗式提升机输送至石灰石料仓（有效容积 550 m³），石灰石经振动给料机、电动插板门及皮带称重给料机（额定出力 6.7 t/h）进入湿式球磨机，经球磨机磨制后输送至石灰石浆液箱存储；浆液箱中的石灰石浆液由供浆泵供至吸收塔，部分浆液通过回流管回到石灰石浆液箱；两路系统石灰石浆液的供应能力均为 25 t/h，正常情况下 2 套系统一运一备。

2013～2014 年，电厂对 1、2 号脱硫系统进行了超低排放改造，考虑到球磨机出力不能满足改造后脱硫指标的要求，增设了石灰石粉仓及浆液箱，直接兑水配浆作为吸收塔的备用补浆系统。新增石灰石粉仓浆液箱与原湿式球磨机浆液箱独立运行，各由 2 台石灰石粉浆液泵（一运一备）向 2 座吸收塔供浆。原湿式球磨机浆液箱容积有限，由于新旧浆箱之间无管道联通，湿式球磨机制备的浆液无法向新增石灰石粉仓浆液箱补充，而石灰石粉浆液箱溢流管接至磨制车间，溢流浆液可由磨制车间地坑泵输送至原石灰石浆液箱。因此，当球磨机系统出现问题时，新的石灰石粉浆液箱可对原石灰石浆液箱补充浆液，反之则无法实现，这造成石灰石粉的用量大于石灰石颗粒，增加了脱硫系统运行成本。改造前后石灰石供浆系统如图 6-13 所示。

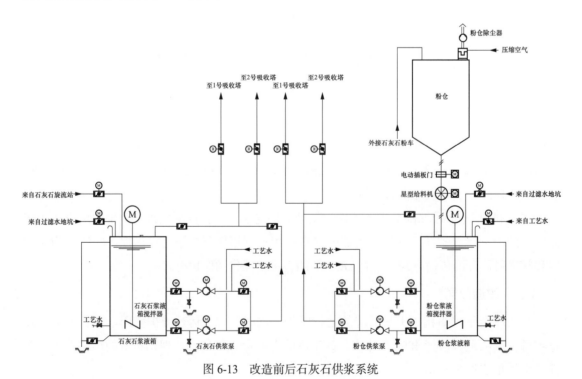

图 6-13　改造前后石灰石供浆系统

设备参数：

石灰石料仓容积（m³）：2×550；

湿式球磨机出力（t/h）：2×13.4；

石灰石供浆泵出力（t/h）：2×25。

新增石灰石粉仓，主要是球磨机制浆不足或原供浆系统发生故障停运时向吸收塔供浆，正常状态下尽可能使用湿式球磨机供浆系统，但以下情况不得不消耗石灰石粉：

（1）当主机快速升负荷时，需要尽快补浆提高吸收塔 pH，以防出口二氧化硫浓度超标。

（2）每年冬季至第二年春季，因防寒、防冻的需要，两套石灰石粉浆液泵连续运行，每 $20 \sim 30$ min 需开启石灰石粉浆液泵供浆电动阀进行防冻试验，以防补浆系统冻结。

（3）当机组负荷低或脱硫入口二氧化硫浓度低时，球磨机出力充足，石灰石浆液箱液位达到最高液位后停运；当负荷上涨或煤质变差时，球磨机出力不能满足供浆需求，需要配置石灰石粉配合供浆。

（4）当原石灰石浆液泵至吸收塔的管路或阀门发生故障、泄漏时，需停运原补浆管路，由新石灰石浆液泵供浆。

上述几种情况，当石灰石粉浆液箱液位低时，只能通过购进石灰石粉来维持石灰石粉浆液箱的液位和浓度，大幅增加石灰石粉的使用量。仅 2014 年 6～12 月，石灰石粉的使用量就达到 11000 t 以上，增加了脱硫运行成本。

（二）改造方案

在磨制车间东门上方石灰石供浆回流管处接一个三通管，连接管道至新浆液箱，再增加两个阀门对浆液流向进行控制。石灰石供浆回流管直径为 159 mm，改造材料需要一个三通管及直径 159 mm 涂覆管 20 m，再配备 2 个 DN150 阀门。虽然阀门安装位置较高，但可利用旁边原有的操作平台，不需要额外搭建。管道、阀门、保温材料及施工安装费约 4.5 万元。新浆液箱上部有预留的孔洞，磨制车间石灰石浆液泵回流管至新浆液箱的管路无需开孔。改造后石灰石供浆系统如图 6-14 所示

考虑到本次改造不增加电气、热工设备，为降低改造费用，新增的阀门全部为手动阀门，2 个阀门分别控制回流管至原石灰石浆液箱和新粉仓浆液箱的流量。由于 2 个阀门所处位置较高且地方狭小，因此扩大了原有的操作平台，同时至新粉仓浆液箱的管路设计为向上倾斜 15°。原石灰石浆液泵停运后，管道中残留的浆液会倒流至原石灰石浆液箱，有效控制管路浆液沉积。

（三）改造效果

2015 年 5 月，石灰石制浆系统改造完毕。改造后湿式球磨机浆液的去向可以灵活调整，除了存储在原有的浆液箱，还可储存至石灰石粉仓浆液箱，提高了湿式球磨机浆液有效储存容积。在优先使用湿式球磨机制浆的原则下，石灰石粉的用量减少，从而降低了脱硫系统成本，同时提高了供浆系统的可靠性。

本次改造费用较低，改造后球磨机的利用率大幅提高，石灰石粉使用量大幅减少。两套球磨机设计额定出力为 13.4 t/h，按年利用小时数 5500 h 计算，一年可制浆 73700 t，基

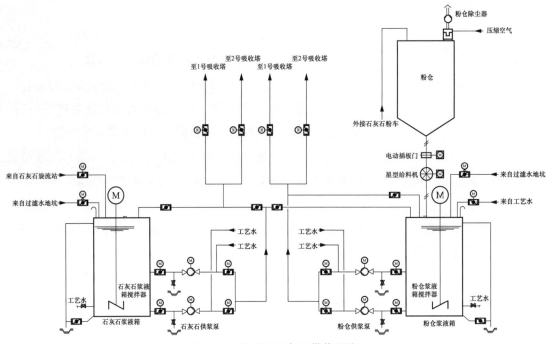

图 6-14　改造后石灰石供浆系统

本可满足生产需要。按照每年少用 10000 t 石灰石粉计算，每年可节省大宗材料费约 70 万元。仅 2015 年下半年，石灰石粉使用量为 3722.66 t，较 2014 年同期减少 8527.09 t，除去石灰石费用，节省材料费 61 万元，降本增效显著。

需要注意的是，在系统改造完成后的调试期间，两个新加的手动阀门均因开度较小发生堵塞。为了避免再次出现堵塞，技术人员进行了多次调整；将两个手动阀门开度均保持在 50%，既可满足补浆流量和压力的要求，也不会发生堵塞现象。

案例五　脱硫磨制石灰石浆液密度低

（一）项目概况

某公司 2×600 MW 机组脱硫系统采用两台湿式球磨机，每台球磨机出力 28 t/h，分别配一套再循环箱及石灰石浆液旋流分离器。磨制系统制备的石灰石浆液存放在中继箱内，由中继泵输送至 1、2 号石灰石浆液箱，再经石灰石供浆泵输送至吸收塔内。磨制车间距离生产现场距离较远，车间设有地坑及一台地坑泵，用于收集球磨机前后轴瓦冷却水、磨机润滑油站冷却水、磨机减速机冷却水及浆液泵的机械密封水，地坑液位达到 1.8 m 时，由地坑泵排至中继箱内。磨制车间设有一个容积为 480 m³ 的中继箱及两台中继泵，用于石灰石浆液从磨制车间往石灰石浆液箱的中转，中间有长约 700 m 的输送管道。

两台湿式球磨机采用石膏脱水皮带机的过滤水进行制浆。球磨机主电动机电压 10 kV，功率 1000 kW，运行电流 45～55 A，运行中水料比约为 1：1：2（给料量：研磨水：稀释水）；石灰石旋流器运行压力 0.12 MPa，旋流子 6 个运行，1 个备用；中继箱和 1、2 号石灰石浆液箱浆液密度的监测采用液位计压差法计算所得。

正常运行中，两台湿式球磨机给料量 22～26 t/h，研磨水 18～20 t/h，再循环箱补水 50～60 t/h。根据球磨机运行规律，球磨机电流下降至 45 A 时需进行钢球补充，加入直径 ϕ80 的大钢球，直至球磨机电流 50 A；每加装约 1.8 t 钢球，电流升高 1 A。根据化验结果显示，磨机制浆密度及过筛率基本达到设计要求，但中继箱和石灰石浆液箱内浆液密度均偏低，且箱内浆液放置时间越长浆液密度越低，正常运行中石灰石浆液密度对照表见表 6-5。

表 6-5   正常运行中石灰石浆液密度对照表

日期	1 号旋流器溢流浆液密度（kg/m³）	1 号过筛率（%）	2 号旋流器溢流浆液密度（kg/m³）	2 号过筛率（%）	中继箱浆液密度（kg/m³）	1 号石灰石浆液箱密度（kg/m³）	2 号石灰石浆液箱密度（kg/m³）
2013 年 11 月 12 日	1199	95.6	1227	93.4	1176	1148	1152
2013 年 11 月 25 日	1201	93.3	1204	92.4	1171	1151	1156
2013 年 12 月 15 日	1212	92.5	1225	93.3	1188	1153	1158
2013 年 12 月 28 日	1195	94.8	1191	95.4	1165	1143	1144
2014 年 1 月 5 日	1198	91.9	1206	90.2	1170	1149	1152

由表 6-5 中看出，石灰石浆液在中继箱及石灰石浆液箱中密度明显降低，中继箱中降低 35～40 kg/m³，到石灰石浆液箱中进一步降低 20～25 kg/m³；石灰石浆液箱内密度平均为 1152 kg/m³，密度偏低导致运行中吸收塔供浆流量偏大。当主机负荷升高至 450 MW 时，吸收塔供浆流量调节阀就已经达到最大开度 100%，供浆流量达到最大，但吸收塔 pH 仍然升高较慢，多次造成出口 SO₂ 浓度超标。

（二）原因分析

（1）首先排查设备问题。根据球磨机运行中吐渣量增加、吐料口排出衬板碎片的现象，判断球磨机内部衬板及提升条有损坏的情况，降低了球磨机的出力。同时，再循环箱回流调节阀频繁故障损坏，导致再循环箱回流无法调节，再循环箱补水量增加；回流阀门堵塞后，再循环箱补水量增加约 10 t/h，降低了制浆密度。此外，检查石灰石旋流器入口节流孔板及沉沙嘴均有磨损现象。

（2）根据化验结果分析，磨制系统中有两部分工艺水无法收集，进入石灰石浆液中使得浆液被稀释。一部分水来自球磨机运行中的冷却水和设备的机械密封水，这部分水通过管道流入地沟，最终收集在磨制车间地坑内，通过地坑泵排至中继箱；两台球磨机运行中冷却水及密封水量约为 42 t/h，地坑泵每 16 min 启动一次，排出的水进入中继箱内，造成石灰石浆液密度被稀释。另一部分水为中继泵停运后管廊的冲洗水，中继泵根据石灰石浆液箱液位启动和停止，石灰石浆液箱液位低于 3 m 时启动中继泵，液位高于 5.8 m 时停运中继泵；中继泵停运后需要对出口长约 700 m 的管廊进行冲洗，每次冲洗时间为 15 min，冲洗水量约为 30 m^3，冲洗水进入石灰石浆液箱后进一步稀释了石灰石浆液密度。

（三）改造方案

（1）2014 年 1 月，利用 1 号机组停运检修的机会，对 1 号球磨机的衬板、提升条进行了更换，钢球重新进行了配比；针对再循环回流调节阀频繁故障的情况，将原隔膜调节阀更换成了陶瓷调节阀，将石灰石旋流器入口节流孔板、溢流口节流孔板按照原尺寸进行了更换。投入运行后，1 号球磨机的制浆密度明显提高。1 号球磨机检修后制浆密度见表 6-6。

表 6-6　　　　　　　　　　　　1 号球磨机检修后制浆密度

日期	1 号旋流器溢流浆液密度（kg/m^3）	1 号过筛率（%）	2 号旋流器溢流浆液密度（kg/m^3）	2 号过筛率（%）	中继箱浆液密度（kg/m^3）	1 号石灰石浆液箱密度（kg/m^3）	2 号石灰石浆液箱密度（kg/m^3）
2014 年 1 月 25 日	1251	89.8	1215	89.6	1192	1165	1171
2014 年 2 月 9 日	1246	90.1	1198	95.6	1185	1162	1169
2014 年 2 月 20 日	1238	89.6	1208	93.4	1183	1155	1159
2014 年 3 月 1 日	1229	91.4	1211	90.8	1177	1152	1164
2014 年 3 月 18 日	1231	90.2	1197	92.2	1186	1160	1166

（2）2 号机组 C 级检修期间，对 2 号湿式球磨机进行了检修维护，并将 1、2 号石灰石旋流器沉沙嘴进行了更换。

（3）针对磨制系统中的水平衡问题，利用等级检修机会，对球磨机前后轴瓦冷却水、润滑油站冷却水、减速机冷却水回水管路进行改造，分别将各路冷却水回水管改至 1、2 号再循环箱内。磨机冷却水回水改至再循环箱如图 6-15 所示。

（4）优化中继泵的启停时间及管廊冲洗时间，减少冲洗水量。对联锁中继泵启动的石灰石浆液箱液位进行调整，从 3 m 降至 2 m，尽量减少中继泵的启动频率；为了减少冲洗水量，根据运行经验，将中继泵停运后冲洗时间由原来的 15 min 缩短至 8 min，在确保管道不发生堵塞的情况下，减少冲洗水量。

（四）改造效果

经过一系列的设备排查、优化改造和优化调整，磨机制浆密度以及石灰石浆液箱密度

图 6-15　磨机冷却水回水改至再循环箱

均有明显提高，达到使用要求，满足了运行对吸收塔供浆流量的调整控制，吸收塔 pH 提升速度明显加快。

第二节　故障处理案例

在脱硫系统的日常运行过程中，供浆系统易发生故障的设备主要有磨机（干式磨机、湿式磨机）、油站、浆液泵、上料设备等。

案例一　钢球配比失衡导致湿式球磨机堵磨

（一）故障概况

某电厂 2×1000 MW 机组脱硫系统采用石灰石－石膏湿法脱硫工艺，一炉一塔配置，设计燃煤硫分为 0.8%，设计脱硫效率不小于 95.5%，1、2 号脱硫装置分别于 2007 年 12 月和 2008 年 3 月与主机同步投运。脱硫系统最初设计安装两套湿式球磨机系统，2009～2010年，脱硫系统完成了 1.5 倍扩容改造，增加了一套湿式球磨机系统。湿式球磨机系统示意图如图 6-16 所示。

三台湿式球磨机出力均为 21.3 t/h，电动机功率 800 kW，电动机额定电流 97.3 A，筒体直径 3000 mm，筒体有效长度 7000 mm，筒体工况转速 18.3 r/min，进料石灰石颗粒直径小于 13 mm，与之配套的石灰石旋流站入口压力控制值为 109 kPa。2007 年底投运后，整体运行较稳定。

2012 年 6 月 21 日，3 号湿式球磨机系统启动，磨机运行电流为 87.7 A。6 月 22 日，3号湿式球磨机运行电流小幅下降至 83.5 A。6 月 22 日 02:45～03:20 期间，磨机电流较快地从 83.5 A 下降至 61.7 A，3 号湿式球磨机再循环箱补水量较之前明显增大约 15 t/h，且液位波动大、难控制。在以上时间段内，3 号湿式球磨机石灰石给料量稳定控制在 18～21 t/h之间，磨机本体和电动机运行声音正常、振动正常。系统停运后进行检查，3 号湿式球磨机

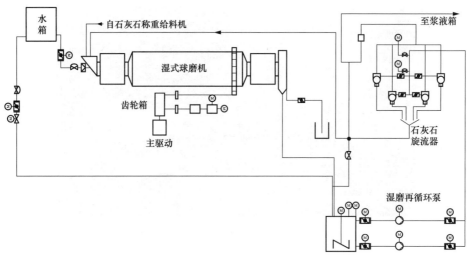

图 6-16　湿式球磨机系统示意图

出料端螺旋滤筒排污口有较大颗粒石灰石排出，滤筒内部积聚大量未磨碎石灰石及小颗粒钢球，3 号石灰石旋流器旋流子底流有一半发生堵塞，溢流口有较大颗粒石灰石。

（二）原因分析

湿式球磨机中出现大量不起作用的小钢球，这表明大尺寸钢球的比例严重不足，湿式球磨机对石灰石的撞击、挤压作用下降，石灰石得不到充分磨碎。随着石灰石的连续供给，大颗粒石灰石开始在湿式球磨机出料端滤筒内积聚、堵塞，有一部分从滤筒排污口排出，较小的石灰石进入下一道工序，堵塞了石灰石旋流器，尤其是旋流子底流沉沙嘴；同时，磨机筒体内大颗粒石灰石也越来越多，磨机筒体内石灰石浆液越来越少，磨机失去了磨制功能，从而发生堵磨。

在湿式球磨机出料端滤筒内及排污口清理出的大量小尺寸钢球，直径均小于 10 mm。湿式球磨机初始钢球配比中规定的最小钢球直径为 20 mm，通过查阅 3 号湿式球磨机投运后的添加钢球记录，发现检修期间对小尺寸钢球进行了清理，并添加了大尺寸钢球，但清理和添加的数量均有所不足。钢球添加不合理，导致了运行中大量小尺寸钢球的出现。

通过分析，排除了其他有可能引起堵磨发生的因素，如湿式球磨机入口补水中断、石灰石给料量偏大、石灰石粒径偏大等。综合前面分析，本次湿式球磨机堵磨的原因为钢球配比严重失衡，小尺寸钢球过多，大尺寸钢球不足。

（三）处理措施

1. 堵磨后处理措施

将湿式球磨机筒体内钢球和石灰石全部清空，按初始配比全部更换钢球。考虑到现场还有另外 1 台磨机不备用，为确保整个脱硫系统石灰石浆液供给稳定，最大限度缩短处理时间，采取处理措施如下：

（1）清理湿磨再循环箱、石灰石旋流器、石灰石浆液箱。

（2）更换磨损的石灰石旋流器沉沙嘴。

（3）就地启动磨机盘车，将磨机筒内多余石灰石、沉淀浆液及夹杂小钢球利用湿式球磨机的转动推力，集中至出料端及滤筒内，再进行清理，循环进行。

（4）湿式球磨机系统全部清理完毕后，在不加石灰石料的前提下，启动湿式球磨机，根据运行电流，确定需加钢球量。

（5）先后加入 4 t 最大尺寸直径为 60 mm 钢球，启动湿式球磨机，在不加石灰石料的前提下，保持磨机空转 0.5 h，消耗磨筒体内大颗粒石灰石，再逐步将石灰石给料增加至稳定的 20 t/h。

经过以上处理，用时 2 天，湿式球磨机运行恢复正常，磨制的石灰石浆液经过化验，各项指标均合格。石灰石浆液化验结果见表6-7。

表 6-7　　　　　　　　　　石灰石浆液化验结果

项目	控制指标	化验结果
石灰石浆液密度（kg/m³）	1150～1250	1216
石灰石浆液浓度（%）	20～30	26
325 目筛过筛率（%）	90	91

2. 钢球配比失衡处理措施

（1）根据湿式球磨机运行电流，及时补充最大尺寸规格钢球，确保其始终在最佳工况下运行，周期一般不应超过 3 个月。

（2）根据石灰石浆液的日常化验指标，酌情添加中小尺寸钢球，满足石灰石磨制浆液的细度要求。

（3）严格控制湿式球磨机入口补水量与石灰石给料量比例为 1∶1。

（4）每年等级检修时，按照合理的配比，清理小尺寸钢球，补充大尺寸钢球。

（5）每两年按初始配比全部更换钢球。

（6）严格控制进厂石灰石粒径不超设计值。

案例二　湿式球磨机出力不足

（一）故障概况

某电厂一期 2×660 MW 机组，2018 年 12 月投产，采用一炉一塔配置。脱硫制浆工艺系统采用湿式球磨机制浆，磨机设计最大出力为 7.3 t/h，制浆系统制成浆液要求 90% 粒度小于 63 μm。

2019 年 5 月，运行人员发现湿式球磨机实际运行出力为 3～4 t/h，远低于设计值 7.3 t/h，这种运行方式增加了设备的投运时间，消耗了大量厂用电。磨机出口排石子现象突出，循环箱内部积存大量石子，经常造成循环箱搅拌器损坏，设备被迫停运。外排到机房内的石子，严重影响了脱硫系统的文明生产。正常情况下，湿式球磨机应在最佳出力（通常是设计出力）下运行，出力太小，不仅使磨制单位重量石灰石的功耗增加，而且还会使浆液的浓度降低，达不到设计要求；出力太大，会导致球磨机过负荷，造成球磨机电流增大，碾磨功效降低，一级再循环箱液位快速上涨且难于调节，石灰石浆液变稠，极易发生泵和管路的堵塞，循环倍率增加，材料磨损加剧，严重时会堵塞球磨机或将钢球带出，危及设备安全。

（二）原因分析

对球磨机进行空载试验，电流为 20 A；带负荷后，电流为 23 A，电流数值在正常运行范围之内。查看操作记录，运行人员会根据磨机电流的大小，及时补加钢球，磨机并无超电流现象。利用磨机停运期间，对磨机的部分下料管进行拆除检查，管道内未发现杂物，管壁光滑没有附着物，管道通畅。同时，对磨机分配箱进行了检查，分配箱的滤网也未出现堵塞现象。

旋流器是石灰石颗粒分离的关键设备，石灰石浆液由切向进入旋流器筒体旋转，在离心力的作用下，大粒径的颗粒被甩向筒壁落下并由底流带出旋流器，小粒径的颗粒由中心管向上由溢流带出。如果旋流器底流密度高，则说明系统中回到球磨机重新碾磨的固体量多，系统功耗大，经济性越差。

旋流器设计值为：磨机再循环箱密度 1400～1450 kg/m³，溢流密度 1200～1250 kg/m³，入口压力为 100～110 kPa，底流密度为 1550～1700 kg/m³。对在装的旋流器溢流、底流、入口压力、磨机再循环箱的密度均进行了测量，数据如下：再循环箱密度为 1410 kg/m²，当旋流器入口压力为 110 kPa 时，溢流密度为 1230 kg/m³，底流密度为 1830 kg/m³。从检测数据可以看出，旋流器的底流密度超出正常值 130 kg/m³，也就是说系统中回到球磨机重新碾磨的固体较多，而溢流出口合格的石灰石浆液随之减少。

经过综合分析判断，确定影响磨机出力的根本原因是石灰石旋流器的底流密度过高，旋流器不符合实际设计要求。

（三）处理措施

影响磨机出力的根本原因确定后，与厂家技术人员取得了联系，技术人员到达现场后，对旋流器的溢流、底流、入口压力、磨机再循环箱的密度均进行了重新测量，试运行数据见表 6-8。根据现场采集的数据，确定旋流器的更换型号，更换后的旋流器设计出力大于或等于 49.3 m³/h 时，设计溢流固体浓度 25%～30%，设计入口浆液固体浓度为 45%～50%，设计压力为 0～0.4 MPa。

时间	再循环箱密度（kg/m³）	溢流密度（kg/m³）	底流密度（kg/m³）	入口压力（kPa）	磨机出力（t/h）
12 月 19 日 9:30	1420	1230	1690	110	6.6
12 月 19 日 14:30	1400	1210	1670	108	6.2
12 月 19 日 16:30	1410	1230	1630	110	6.5

表 6-8 新石灰石旋流器试运行数据

通过试运，石灰石旋流器出力达到了设计的要求，磨机出力也达到设计要求；磨机达到最高出力时，浆液分配箱溢流口没有石子溢出，磨机各部位参数均无异常。

（四）处理效果

改造前，磨机每天需要运行 20 h 才能磨制足够的石灰石浆液来满足脱硫系统的正常运行；改造后，磨机每天只需运行 10 h 就能磨制足够的石灰石浆液，降低了设备的投运时间和厂用电耗。经测算，每月可节省厂用电 12.8 万 kWh，节约电费约 6 万元。

案例三 石灰石供浆泵护板脱落卡涩叶轮

（一）故障概况

某电厂二期 2×660 MW 采用石灰石‐石膏湿法脱硫工艺，一炉一塔配置。2021 年 1 月 14 日，运行人员冲洗 3 号脱硫系统 B 石灰石供浆泵管道 13 s 后，启动 3 号脱硫系统 B 石灰石供浆泵，DCS 系统发出声光报警，报"石灰石供浆泵电动机综合故障"；再次冲洗 3 号脱硫系统 B 石灰石供浆泵，确认管道畅通，排除因浆液沉积导致石灰石供浆泵堵转；现场检查 3 号脱硫系统 B 石灰石供浆泵本体无异常，测量电动机绝缘电阻合格（A 相 2.53 GΩ、B 相 2.56 GΩ、C 相 2.6 GΩ、相间为 0Ω）。

图 6-17 3 号脱硫系统 B 石灰石供浆泵解体现场情况

检修人员就地盘车，卡涩无法盘动；对该泵进行解体，发现泵体前护板冲刷、气蚀严重，护板口环处与护板冲刷严重处，已经分离、脱落，卡住叶轮；3 号脱硫系统 B 石灰石供浆泵解体现场情况如图 6-17 所示。

（二）原因分析

（1）3 号脱硫系统 A 供浆泵泵体前护板冲刷、气蚀严重，护板口环处与护板冲刷严重处已经分离、脱落，卡住叶轮，导致供浆泵启动时过载保护动作。

（2）3 号脱硫系统 A 供浆泵于 2015 年安装使用，已使用 5 年时间，且供浆泵运行小时数较高，接近使用寿命。

（3）检修维护不到位，等级检修期间未对供浆系统易磨损件进行检查更换，对设备使用年限评估不到位。

（三）处理措施

（1）建立设备使用年限监测台账，对设备进行全寿命监督、维护、管理。

（2）严格执行等级检修制度要求，修前进行设备状态评估，检修项目须全面，不丢项、不落项。

第七章 废水处理系统

石灰石－石膏湿法烟气脱硫产生的废水成分较为复杂，其中重金属、阴离子和悬浮物较多。废水处理多采用"中和＋沉降＋絮凝"的"三联箱"工艺，该工艺主要通过加入碱性物质进行中和反应，使废水中的大部分重金属形成絮状物，在通过加入絮凝剂使絮状物沉淀后浓缩成为污泥。常规废水处理工艺流程如图 7-1 所示。

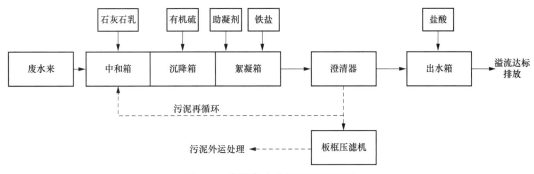

图 7-1 常规废水处理工艺流程图

脱硫废水混凝沉淀处理包括以下工序：

（1）中和单元：来自废水旋流器溢流的浆液进入中和箱，再向中和箱中加入石灰乳 $Ca(OH)_2$ 浆液，将废水的 pH 升至 8.5～9.0，以便中和大部分重金属。废水经 pH 调整处理后，可有效改善后续沉降、絮凝的处理效果，同时还可以减少后续药剂的使用量。

（2）沉降单元：游离态重金属离子一般可通过投加石灰乳以氢氧化物的形式沉淀去除，但因络合态重金属离子的溶解度远低于氢氧化物的溶解度，无法通过投加石灰乳去除；在沉淀箱中，加入有机硫（TMT），进一步使剩余的重金属以硫化物的形式沉淀下来。

（3）絮凝单元：经中和、沉降处理后的废水进入絮凝箱后，通过加入聚铁药剂，使废水中的悬浮颗粒和胶体颗粒发生凝聚和聚集，形成细小颗粒物。

（4）澄清和污泥处理单元：废水经三联箱通过中和、沉降、絮凝处理后，自三联箱溢流进入澄清池，在进入澄清池管道上，通过加药口加入助凝剂，进一步强化细小颗粒物的生长；悬浮物沉积在澄清池底部，一部分悬浮物作为接触污泥返回中和箱，提供沉淀过程所需的晶核，大部分沉淀物形成污泥通过污泥泵输送到压滤机，制成泥饼脱除；澄清池出水溢流进入出水箱，经过调整 pH 达到 6.0～9.0，通过出水泵排放或回收自用。

第一节　治 理 改 造 案 例

一、废水三联箱

废水三联箱运行过程中的工艺步序较多，废水投运时间、废水含固量、废水金属离子等参数发生异常将会影响废水处理量，通过对系统和设备进行治理改造可以提高废水处理量，同时能提高废水处理系统的运行稳定性。

案例一　废水三联箱提效改造

（一）项目概况

某电厂 2×330 MW 机组采用石灰石－石膏湿法烟气脱硫系统，脱硫装置及其附属系统 2009 年随机组同步投入运行，废水处理系统采用"中和＋沉降＋絮凝"的"三联箱"工艺。从石膏旋流站溢流来的浆液进入废水缓冲箱，再通过废水泵送入三联箱组合式废水处理装置；脱硫废水经加碱（氢氧化钙）中和后，再加入有机硫、硫酸氯化铁等絮凝剂和助凝剂，将脱硫废水中的悬浮物及重金属沉淀去除；沉淀的污泥脱水后进行外运处理，出水则经 pH 调节后进行排放或回用。废水处理过程较为繁琐，整个系统包含的子系统较多，如硫酸氯化铁计量系统、有机硫计量系统、助凝剂计量系统等，其中一个子系统发生故障会影响整个废水处理系统的运行。

为了提高脱硫废水处理系统的运行稳定性，减少废水处理系统配套的附属分系统，决定对废水处理系统进行工艺改造，在不影响三联箱主体结构的前提下，简化废水处理工艺流程，提高废水处理系统运行的稳定性。废水三联箱设备参数见表 7-1。

表 7-1　　　　　　　　　　　　废水三联箱设备参数

设备名称	尺寸（mm×mm×mm）	三联箱体积（m³）	搅拌器直径（mm）	搅拌器转速（r/min）
废水三联箱	6500×2200×2800	36	600	65

（二）改造方案

改造方案为：将沉降箱、絮凝箱中的搅拌器重新设计选型，更换为转速 168 r/min 的高速搅拌器提高溶质溶解效果；在絮凝箱顶部增加一台干粉投药机，将净水药剂（高效无机吸附剂）以固体粉末状态直接加入脱硫废水中进行混合反应，然后将废水中的絮凝物澄清分离（改造平面示意图如图 7-2 所示）。整个处理过程仅需添加一种净水药剂，简化了工艺流程，而且能保证处理水量大于 20 m³/h、出水悬浮物达标（出水悬浮物小于或等于 70 mg/L）；同时对三联箱平台、楼梯进行适应性改造（加药装置改造后现场如图 7-3 所示，加药装置改造后废水效果如图 7-4 所示）。改造共消耗材料：工字形钢材 800 kg、碳钢管道 500 kg、高速立式搅拌器两台、干粉投药机一台，预计费用约 15 万元。

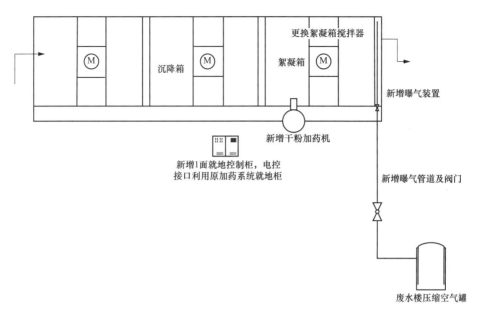

图 7-2 改造平面示意图

图 7-3 加药装置改造后现场图片

图 7-4 加药装置改造后废水效果图

（三）改造效果

（1）系统改造后废水处理效果良好，处理后的废水各项指标均能达到要求，可以满足澄清池污泥脱水的效果，泥饼质量满足要求；同时，废水处理时间与絮凝沉降时间均优于改造前"中和＋沉降＋絮凝"的"三联箱"工艺方式。

（2）整个废水处理过程仅添加一种高效无机吸附剂就可满足废水处理要求，相较于传统的添加三种药剂进行废水处理的方式，降低了药物添加量，节约了用药成本。

（3）改造后的系统取消了硫酸氯化铁计量系统、有机硫计量系统、助凝剂计量系统，不仅降低了系统维护工作量，提高了运行的稳定性，同时也消除了工作人员在加药过程中的不安全隐患。

案例二 废水处理系统提效改造

（一）项目概况

某电厂 2×330 MW 机组，脱硫采用石灰石 - 石膏湿法烟气脱硫工艺，废水处理系统 2012 年随机组同步投入运行，废水处理系统采用"中和＋沉降＋絮凝"的"三联箱"工艺。三联箱设备参数见表 7-2。

表 7-2　　　　　　　　　　　　三联箱设备参数

设备名称	尺寸（mm×mm×mm）	三联箱体积（m³）	搅拌器直径（mm）	搅拌器转速（r/min）
三联箱	6500×2200×2800	36	600	65

经过脱硫工艺产生的废水（pH 为 5.0～5.5）输送至废水旋流箱内进行搅拌储存，再通过废水旋流泵将箱内废水送至废水旋流器进行二次分离，废水旋流器溢流浓度较小的废水送入反应中和箱。此后，废水以溢流方式从中和箱依次进入沉降箱、絮凝箱、浓缩澄清池及出水箱，出水箱中的合格清水排至废水排放箱，再通过废水排放泵排至灰库；浓缩澄清池内底部污泥通过污泥输送泵排至板框式压滤机进行脱水处理，处理后的污泥由车辆运输至灰场堆放，滤液水流至滤液水池，进入中和箱继续处理。在废水处理过程中，任何一个环节出现故障，均会影响废水的正常排放，例如，板框式压滤机故障率高、废水旋流器频繁堵塞、絮凝箱内沉积严重等故障的发生均会严重制约脱硫废水的处理。为了提高废水处理系统的运行稳定性，保证废水处理量，公司对压滤机等相关设备进行了改造。

（二）改造方案

在石膏品质要求不高的前提下，可以利用石膏脱水皮带机对污泥进行处理。增设污泥输送泵至脱水皮带机的管路，石膏脱水过程中污泥可随石膏排至石膏库；增设石膏旋流站溢流至废水中和箱的管道（石膏旋流站溢流改造如图 7-5 所示），当吸收塔浆液密度低于 1100 kg/m³ 时，可停运废水旋流器，将石膏旋流器溢流浆液直接输送至中和箱加药反应；絮凝箱原底部的排放管增设一路至浓缩澄清池管道，定期进行排放，防止絮凝箱内沉积（絮凝箱底排改造如图 7-6 所示）；增设脱硫废水至厂区干渣拌湿的管路，可加大废水排放量。改造共计消耗 DN100PVC 管道 60 m、DN25 管道 20 m、管件 10 个、DN100PVC 关断

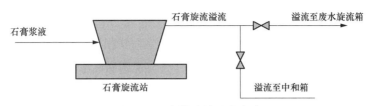

图 7-5　石膏旋流站溢流改造

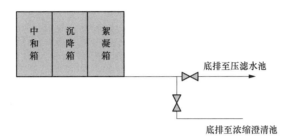

图 7-6　絮凝箱底排改造

阀 4 个、DN25PVC 关断阀 4 个，费用共计 9000 元。

（三）改造效果

（1）废水处理系统的运行稳定性有所提高，在压滤机出现故障时，不会造成澄清浓缩池泥位高引起废水排放不达标的情况。

（2）增加了废水的单位排放量，有效降低了系统中的氯离子、絮凝颗粒等物质，极大地提高了废水处理系统的安全生产运行水平。

（3）增加了废水的使用量，在废水处理受限时，不影响脱硫废水处理系统的正常投运。

二、压滤机系统

案例一　压滤机滤液水排放系统提效改造

（一）项目概况

某电厂 2×330 MW 机组，脱硫采用石灰石–石膏湿法烟气脱硫工艺，废水处理系统 2010 年随机组同步投入运行，废水处理系统污泥压缩装置采用全自动箱式压滤机。压滤机参数见表 7-3。

表 7-3　压 滤 机 参 数

设备名称	过滤有效面积（m²）	滤室总面积（m²）	过滤压力（MPa）
压滤机	120	1.8	0.6

脱硫废水处理系统中，废水经三联箱中和、沉降、絮凝处理后，进入装有搅拌器的澄清/浓缩池中，絮凝物沉积在底部浓缩成污泥，上部则为净水；上部净水通过澄清/浓缩池周边的溢流口溢流至出水箱，出水箱设置了监测净水 pH 和悬浮物含量的在线监测仪表，如

果 pH 和悬浮物达到排水标准，则通过出水泵送至锅炉冲渣系统进行再利用，否则将其送回中和箱继续处理，直到合格为止；污泥量累积到一定程度时，经污泥输送泵排到压滤机进行压滤脱水；压滤机产生的泥饼进行外运处理，滤液水送回废水系统继续处理直至合格。

根据压滤机滤液水的实际测量数据与出水箱水质的测量数据进行对比，发现滤液水的各项指标均符合废水排放的要求，压滤机滤液水的浊度指标甚至优于出水箱指标；将滤液直接排至压滤水池，再通过压滤水泵重新输送至三联箱进行加药处理，存在重复处理问题。因此，公司决定对压滤机滤液水管道进行改造。

（二）改造方案

在压滤机集液盘至压滤水池的原有管路上，在适当位置增设三通管。三通管的其中两个口与原管路相连，另一个口新增一路管道，排放至出水箱。两路管道分别增设阀门，来控制滤液水流量。运行中对滤液水进行化验，当水质满足出水箱水质要求时，将滤液水排放至出水箱；当水质不满足出水箱水质要求时，将滤液水通过压滤水泵输送至三联箱进行废水处理。压滤水池滤液水管改造示意图如图 7-7 所示，现场改造图如图 7-8 所示。

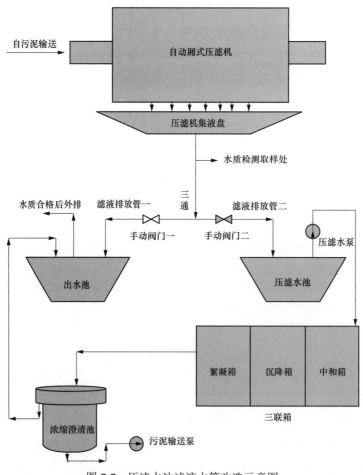

图 7-7　压滤水池滤液水管改造示意图

本次改造共计消耗 DN150PVC 管道 10 m、DN80PVC 管道 20 m、DN80 管件 4 个、DN150 管件 2 个、DN150 阀门 1 个、DN80 阀门 2 个。

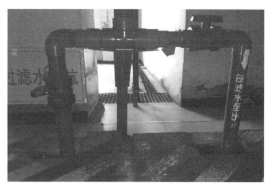

图 7-8 现场改造图

（三）改造效果

改造后，压滤机产生的合格滤液水避免了重复进行废水加药处理的流程，减轻了废水系统的负载，每月可增加 10% 的废水处理量，同时减少了废水处理过程中药物的使用量，降低了运行成本；压滤水地坑泵的启动频率降低，减少了管道的磨损，提高了设备的运行周期。

案例二　压滤机系统泄漏治理

（一）项目概况

某电厂 2×330 MW 机组，脱硫采用石灰石－石膏湿法烟气脱硫工艺，废水处理系统污泥压缩装置采用板框式压滤机，滤布安装在滤板的两侧。在液压油缸压力的作用下，每两块滤板之间形成封闭的过滤空间，当物料被输送泵打入封闭的过滤空间时，在压力作用下，液相通过滤布从滤液孔中分离出来，固体物料留在封闭的过滤空间中形成滤饼，实现固液分离；固液分离后，利用压缩空气进行脱水；压缩空气从滤室的一侧进入，透过滤饼携带液体水分，透过滤布后，从滤室另一侧的滤液孔排出。

压滤机运行过程中，运行人员发现压滤机板框间的滤布对滤液的密封性较差，滤液容易从滤布裙摆处流出，气体容易从板框间挥发出来。另外，随着使用时间年限的增加，滤液孔易被结晶物堵塞，造成滤液孔液流效率降低，引起板框间泄漏，在使用压缩空气进行脱水时，易造成板框间液体四溅，加速废气挥发。

（二）改造方案

橡胶具有良好的弹性，而且耐腐蚀，可以利用橡胶来加强滤板的密封性，解决滤液渗出的问题。在滤板边缘、出液孔处安装橡胶密封圈，将滤布内嵌于滤板中，制成内嵌式滤板。内嵌式滤板有效避免滤板之间的滤布产生渗液现象，通过滤板上的弹性橡胶，既达到双重密封的效果，又避免了板框变形，间缝隙大。滤板弹性橡胶垫模式如图 7-9 所示。

出液孔堵塞，是因为滤板液孔少、直径小，暗流通道长，滤板规格不适宜物料特性，长时间的使用，出液孔容易被结晶物堵塞。根据多次疏通滤板液孔的经验，对滤板液孔进行优化改造。将滤板规格由"小两孔双出液"方式改为"大三孔三出液"方式（如图 7-10 所示）；同时缩短暗流通道，由 20 cm 缩短到 7 cm（如图 7-11 所示）。经过改造，滤液在滤腔内流动效率提高，避免了滤液流通不畅外溢的情况（如图 7-12 所示）。

图 7-9　滤板弹性橡胶垫模式

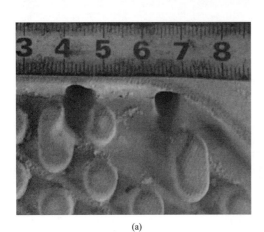

(a)　　　　　　　　　　　　　　　　　　　(b)

图 7-10　滤板液孔优化改造前后对比

（a）改造前；（b）改造后

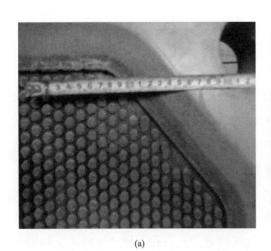
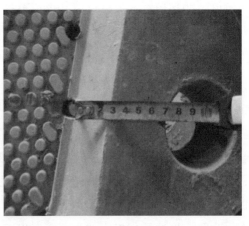

(a)　　　　　　　　　　　　　　　　　　　(b)

图 7-11　滤板暗流通道改造（前后）示意图

（a）滤板暗流通道改造前；（b）滤板暗流通道改造后

传统的板框压滤机滤饼脱水方式是用压缩空气从侧孔直吹滤饼，容易导致板框间滤液四溅，废气大量挥发，现场环境较差。结合物料的特点，引入隔膜滤饼吹风方式，压缩空气进入隔膜腔内，隔膜板膨胀挤压滤饼进行脱水，排出的滤液从出液孔流走；相对于压缩空气侧孔直吹滤饼的模式，减少了废气的产生，避免了滤液和废气污染现场环境。

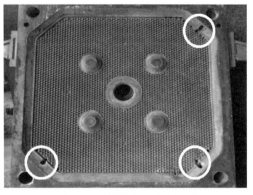

图 7-12 滤板改造后整体图

（三）改造效果

（1）增强板框间密封性，避免了压滤过程中滤液从板框间缝隙溢出以及气体的挥发，现场环境得到改善。

（2）增大了滤板出液孔直径，提高了滤液在滤腔内流动效率，避免滤液流通不畅导致外溢，减少了对滤板的疏通频率，降低了劳动强度。

（3）采用隔膜挤压滤板的脱水方式，压滤机在压滤过程中产生的废气得到了治理，解决了压缩空气直吹造成的滤液从滤板间溢出的问题。

三、废水零排放系统

烟气余热蒸发工艺是实现脱硫废水零排放的可行技术路线之一。在该技术路线中，脱硫废水经过蒸发浓缩后大幅度减量，并析出大量杂盐，被称为高盐污泥（粉末或颗粒）。该部分高盐污泥颗粒被烟气携带进入除尘器，随粉尘的脱除而脱离烟气系统。

案例一 烟气余热废水蒸发工艺改造

（一）项目概况

某电厂 2×330 MW 机组，脱硫采用石灰石－石膏湿法烟气脱硫工艺，废水处理系统 2012 年随机组同步投入运行。随着环保政策要求趋严，燃煤电厂废水零排放成为一种趋势，2018 年，该电厂进行了废水零排放改造，采用烟气余热废水蒸发工艺。

（二）改造方案

烟气余热废水蒸发工艺首先抽取脱硫塔前低温烟气作为蒸发介质，利用湿法喷淋的工艺实现脱硫废水的浓缩减量；然后利用热二次风作为干燥介质，将浆液浓缩干燥为含尘气体；最后进入静电除尘前烟道，与粉煤灰一起进行收集。该工艺主要包括蒸发浓缩减量、药剂中和、干燥固化三个单元，系统包含烟气系统、浓缩塔系统、固液分离系统、浓缩浆液调质系统、浓缩浆液干燥系统。改造工程需增加脱硫浓缩塔、调质箱、干燥床以及其他管道、阀门等附属设备，采用一炉一塔布置。新系统的废水管道从原废水三联箱前接入，原废水处理系统可以停用。烟气余热废水蒸发工艺流程图如图 7-13 所示。

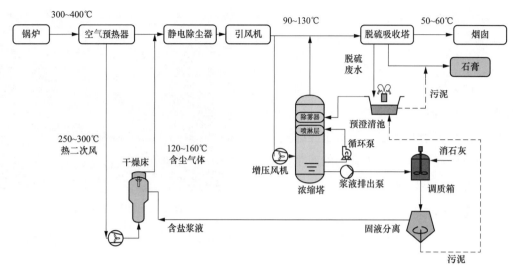

图 7-13　烟气余热废水蒸发工艺流程图

蒸发浓缩单元：未经过三联箱加药处理的脱硫废水，直接送入废水零排放浓缩系统；利用引风机后脱硫塔前的低温烟气（90～130 ℃）作为热源，在浓缩喷淋塔内对废水进行浓缩，控制运行密度不超过 1250 kg/m³，蒸发后的湿烟气返回脱硫塔中，实现了洁净水的利用；经过浓缩后的废水大幅减量，降低了下游工艺的处理难度。

药剂中和单元：浓缩后的浆液呈弱酸、高氯的特点，利用少量廉价消石灰作为药剂，将浓缩后的浆液的 pH 调整至中性 / 弱碱性，经过简单的固液分离后，产生部分污泥和清液，污泥主要成分为石膏、飞灰等，可掺入煤中混烧、脱水掺入石膏中或外运；含有少量高氯根的清液进入后续干燥固化单元。

干燥固化单元：抽取少量 300 ℃左右的热二次风作为热源，将含氯的清液进行干燥，实现废水的固化，利用原电站除尘器将干燥后的固体均匀的掺混入粉煤灰中，解决深度治理后固体物的去向问题，真正实现脱硫废水的不外排。

惰性载体流化床是一个创新型设备，其结构对浓缩后的高含盐量废水更加适应，降低了干燥过程中存在堵塞的风险，实现了以较少热风干燥固化废水的效果。相比传统的喷雾干燥工艺，惰性载体流化技术是采用流态化的基本原理，利用热二次风作为干燥、流化介质，在床体内放置大量的惰性载体颗粒。在正常运行工况下，颗粒属于流化状态，因此具有极强的横向和纵向湍动，传质、传热效果强；浆液喷涂在惰性粒子表面，与高温热风进行热质交换，干燥后的浆液通过惰性粒子之间的碰撞研磨后，从惰性载体表面脱落，被气体携带离开干燥床，含尘粉尘引接进入静电除尘器，实现粉尘的捕集。

（三）改造效果

系统改造后经过调试、运行，逐渐稳定，废水处理量逐渐增加，最终稳定在 0.7 t/h，满足了脱硫废水的处理要求，真正实现了脱硫废水的零排放。与原系统以及其他废水治理工艺相比，烟气余热废水蒸发工艺有以下优势：

（1）实现了低能耗、高倍率浓缩的方案。利用低温烟气作为热源，采用浓缩喷淋塔的方式，实现了废水的低能耗、高倍率的浓缩减量；相比膜法等工艺，无需对前端水质进行预处理，浓缩倍率高。

（2）解决了水质波动性因素的影响。脱硫废水水质波动范围大，浓缩喷淋塔适应性强，不同水质的脱硫废水均可进入浓缩系统，不影响脱硫废水零排放系统的出力及稳定性。

（3）解决了加药成本高的问题。浓缩减量后的浆液呈弱酸性，只需加入少量消石灰药剂进行中和，减少了其他昂贵药剂的消耗；同时不再需要进行原有的三联箱加药处理，直接进入澄清池降低含固量后即可进入下游设备进行浓缩，充分利用现有装置，系统简单，进一步降低了运行成本。

（4）解决了盐的去向问题。利用少量高温热风对杂盐溶液进行干燥，固体盐均匀混合进入粉煤灰中，灰含氯离子量满足 GB 175—2007《通用硅酸盐水泥》成品水泥中氯离子小于或等于 0.1% 的要求，不仅实现了废水的深度治理，而且不影响粉煤灰的品质。

（5）解决了高含盐废水易结垢、易腐蚀的问题。采用独立的浓缩干燥系统，对烟风系统基本没有影响，将高含盐量废水易结垢、易腐蚀的风险限制在浓缩塔内；同时借鉴湿法脱硫吸收塔的防腐经验，解决了浓缩塔的腐蚀问题，提高了浓缩塔的可靠性。浓缩塔采用合适的喷嘴喷淋，并利用浓缩塔的酸性环境，解决了高含盐量废水结垢堵塞的顽症。

系统运行过程中需要注意的问题是，由于烟气和脱硫废水直接接触，浓缩塔中浆液浓缩倍率可达到 10～15 倍，氯离子浓度为 $15～30 \times 10^5$ mg/L，浓缩系统存在潜在的结垢和腐蚀风险，有可能出现废水含固量控制过高造成除雾器结垢、喷淋管堵塞，以及浓缩系统转机设备和膨胀节腐蚀等情况。系统采用的惰性载体流化床，前期曾出现管道结垢、喷浆管喷嘴堵塞等问题，经过技术优化及升级，喷枪改为套管式喷嘴等后，干燥床稳定性得到显著改善。

案例二 调质系统加药装置改造

（一）项目概况

某电厂 2×330 MW 机组，脱硫采用石灰石－石膏湿法烟气脱硫工艺，废水处理系统 2012 年随机组同步投入运行，2018 年进行废水零排放改造。废水零排放调质系统设计为消石灰粉直接加入经废水浓缩后的强酸性浆液中。消石灰粉加入后，迅速吸潮并与强酸浆液反应，形成包裹作用，造成消石灰粉来不及充分溶解，形成化学反应后的沉淀颗粒，即使经搅拌器长时间搅拌，也无法将颗粒打散；大量颗粒沉淀后，容易堵塞调质、排泥系统管道，造成排泥不畅，也容易引起澄清池刮泥机过力矩损坏，无法获取合格的调质澄清液，影响后续废水处理。

（二）改造方案

为了解决石灰粉在系统内不能充分溶解造成的系统堵塞等问题，公司对系统进行了改造。取消石灰粉直接加入浓缩废水这一环节，先将石灰粉引入清水罐中溶解，形成密度约为 1150 kg/m³ 的无颗粒的石灰乳液；调质时，加入石灰乳液与浓缩后的废水反应。经过上述调整改进，解决了系统堵塞问题。改造前后对比图如图 7-14 所示。

图 7-14　改造前后对比图

（a）调质澄清池堵塞情况（改造前）；（b）调质澄清池浆液品质（改造前）；
（c）调质澄清池堵塞情况（改造后）；（d）调质澄清池浆液品质（改造后）

（三）改造效果

改造后，通过澄清池的浆液品质得到了极大的改善，缩短了废水处理时间。同时，避免了刮泥机因泥浆颗粒不均造成的过载现象，浆液输送管道也未再发生堵塞。

案例三　射流负压吸送式粉体气力输送装置

（一）改造背景

某电厂二期 2×660 MW 机组，脱硫系统采用石灰石－石膏湿法烟气脱硫工艺，废水处理系统 2012 年随机组同步投入运行。2018 年废水系统进行了零排放改造，废水处理工艺采用"低温余热浓缩＋高温热源干燥"废水治理技术。

废水在经过烟气余热蒸发浓缩后，需要使用消石灰粉（氢氧化钙）对浓缩浆液进行调质，由于消石灰供应途径经常发生变化，需增加消石灰粉罐进行临时储存。在原高位自流设计的 A 粉仓内消石灰粉消耗完以后，需要将储存在地面 B 粉仓内的消石灰粉输送到 A 粉仓内，以便使用。临时储存的地面 B 粉仓为一期箱罐异地利废，其直径较小，并非专用于存储消石灰粉而设计。消石灰的特性是极易吸潮板结，由于 B 粉仓内的消石灰粉需等待高位 A 粉仓腾出空间后才能倒入，造成消石灰粉长时间放置在 B 粉仓内发生板结，仓泵等常规输送装置难以实现输送，而人工清理倒罐清理不仅工作量大，且容易扬尘污染环境，输粉倒罐非常困难。

（二）改造方案

技术人员通过利用现场压缩空气气源，自制文丘里射流负压吸送式粉体气力输送装置（文丘里射流负压吸送式粉体气力输送装置如图 7-15 所示）。射流器负压吸入口从顶部人孔放入 B 粉仓，出口管从顶部插入至 A 粉仓，启动 A 粉仓仓顶除尘器，开启压缩空气气源阀门，利用文丘里射流负压抽吸原理，在密闭管道内将 B 粉仓内消石灰粉输送至 A 粉仓；通过调节压缩空气气源阀门的开度，控制吸入口的负压大小，从而控制装置输粉的出力。射流负压吸送式粉体气力输送装置的最大出力为 500 kg/h，压缩空气压力为 0.3 MPa，耗气量约 10 m³/min，可根据实际需要和气源情况灵活调整出力。改造共计消耗材料：DN25 碳钢管道 30 m、DN25 截止阀 4 个、气体输送装置 1 套，消耗费用为10000 元。

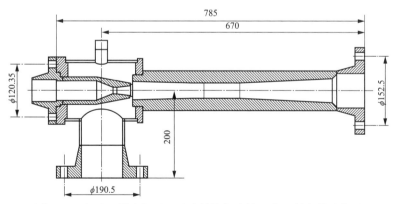

图 7-15　文丘里射流负压吸送式粉体气力输送装置射流器示意图

（三）改造效果

（1）使用自制的文丘里射流负压吸送式粉体气力输送装置，可以方便 B 粉仓内的消石灰倒入 A 粉仓，操作简单，输送过程无粉尘泄漏，安全性高，噪声小。文丘里射流负

图 7-16　消石灰粉仓倒罐完成现场图

压吸送式粉体气力输送装置既可以连续输送，也可随用随取，管道内无积粉积料，输粉无堵塞，运行可靠。消石灰粉仓倒罐完成现场如图 7-16 所示。

（2）文丘里射流负压吸送式粉体气力输送装置可根据实际需要和气源情况灵活调整出力，可以应用于箱罐浆液清理、板结的各种粉体清理、废水零排放干燥塔惰性粒子的清理等多种场合，值得拓展推广应用。

第二节　故障处理案例

案例一　沉降箱搅拌器启动过载故障

（一）故障概况

某电厂 2×660 MW 机组，脱硫采用石灰石－石膏湿法烟气脱硫工艺，废水处理系统 2009 年随机组同步投入运行，废水处理系统采用"三联箱"工艺，沉降箱设置一台立式搅拌器，搅拌器叶片与轴均做防腐处理，防止运行过程中出现腐蚀情况，箱罐储存一定浓度的废水溶液，搅拌器运行过程中容易发生过载、异物卡涩、叶轮磨损事件。

检修人员对三联箱进行清理作业。对中和箱内部进行清理检查前，需将中和箱内部浆液通过潜水泵输送至沉降箱内。后因运行工况需求，停止清理工作，准备投运废水处理系统。在沉降箱液位满足启动条件，进行沉降箱搅拌器启动时，发生沉降箱搅拌器启动故障。

（二）原因分析

对沉降箱搅拌器进行盘车，发现搅拌器盘车阻力大。继续对搅拌器进行盘车，1 分钟后盘车阻力消失。初步分析为废水浆液沉积，导致搅拌器叶片被污泥淤积，沉降箱搅拌器启动过载跳闸。在对沉降箱搅拌器盘车一段时间后，搅拌器运行灵活，远程启动搅拌器运行正常。分析原因如下：

（1）检查清理中和箱时，将一定浓度的废水输送至沉降箱内，造成废水浆液在沉降箱底部淤积，淤泥没过沉降箱搅拌器叶片，导致沉降箱搅拌器启动过载。

（2）检修作业不规范，在沉降箱搅拌器停运状态下，未将沉降箱排空，并向沉降箱内部输送废水浆液，造成沉降箱底部淤泥堆积。

（3）设备启动前准备工作不足，对于有浆液介质储存的沉降箱搅拌器，启动前未对其进行盘车。

（三）处理措施

（1）立式搅拌器在启动前对搅拌器进行盘车，在转动灵活无卡涩时方可进行启动。

（2）规范检修作业标准，立式搅拌器停运后，应对箱体进行排空。

（3）禁止向搅拌器停运的箱体输送浆液。

案例二 沉降箱搅拌器运行中过流跳闸

（一）故障概况

某电厂 2×660 MW 机组，脱硫采用石灰石‐石膏湿法烟气脱硫工艺，废水处理系统 2008 年随机组同步投入运行，废水处理系统采用"三联箱"工艺。沉降箱设置一台立式搅拌器。沉降箱搅拌器主要参数见表 7-4。

表 7-4　　　　　　　　　　　　沉降箱搅拌器主要参数

设备名称	搅拌器直径（mm）	转速（r/min）	运行方式	叶片、轴材料
沉降箱搅拌器	600	65	螺旋，推进式	钢衬胶

系统运行工况为 1、2 号机组正常运行，1 号吸收塔浆液密度 1086 kg/m³，氯离子 13267 mg/L；2 号吸收塔浆液密度 1091 kg/m³，氯离子 15910 mg/L；1 号真空脱水机皮带机运行，废水系统运行；中和箱、沉降箱、絮凝箱搅拌器运行正常；运行中监盘人员发现沉降箱搅拌器跳闸；就地检查沉降箱搅拌器，电动机表面温度正常，无焦臭味及其他异常；对沉降箱搅拌器电动机测量绝缘电阻，测得三相对地电阻正常，A 相 435 MΩ，B 相 450 MΩ，C 相 480 MΩ；相间电阻正常，A-B 相 0 Ω，B-C 相 0 Ω，A-C 相 0 Ω。沉降箱搅拌器电动机绝缘合格。

沉降箱液位降低后，通过沉降箱顶搅拌器孔洞观察发现沉降箱内积淤较多；检查废水旋流器，发现废水旋流器溢流箱内有石膏堆积，4 个废水旋流子底流堵塞（共 5 个旋流子），沉沙嘴处堵塞木屑、鳞片等杂物。

（二）原因分析

根据检查情况，判断为沉降箱内部积淤严重，造成沉降箱搅拌器运行中过流跳闸。

（1）在进行三联箱定期排污工作时没有排空箱体，日积月累造成箱内积淤严重，导致搅拌器过流跳闸。

（2）运行中对废水旋流器检查不到位，未及时发现旋流器沉沙嘴堵塞，导致大量石膏进入三联箱。

（3）搅拌器叶轮位置设计安装不合理。沉降箱搅拌器叶轮设计安装高度 1 m，箱体高度 2 m，箱体下部浆液搅拌效果差，易造成箱体底部浆液沉积，堵塞排污口，影响排污效果，造成排污不彻底。

（三）处理措施

（1）做好三联箱的定期排污工作，防止箱体底部淤泥。

（2）加强对废水旋流站、石膏旋流站的检查，发现有堵塞现象应及时处理，避免异物造成旋流器沉沙嘴堵塞，导致石膏进入废水系统。

（3）对三联箱搅拌器叶片的安装位置进行调整，降低叶片高度，保证三联箱浆液搅拌效果（2020 年对三联箱搅拌器叶片进行了调整降低，效果较好）。

案例三　出水泵轴套磨损导致事故跳闸

废水处理系统处理完的废水通过出水泵输送至指定场地。由于废水具有腐蚀性，出水泵各部件在设计运行中需考虑防腐的因素，输送管道也应做好防腐保护。

（一）故障概况

某电厂 2×300 MW 机组采用石灰石－石膏湿法烟气脱硫系统，脱硫装置及其附属系统 2017 年随机组同步投入运行。出水泵主要参数见表 7-5。

表 7-5　　　　　　　　　　　　　出水泵主要参数

设备名称	流量（m³/h）	压力（MPa）	转速（r/min）	扬程（m）	过流部分材料
出水泵	100	0.3	2900	50	316 L 不锈钢

2019 年 11 月对出水泵进行解体检修。2020 年 10 月 25 日，出水泵在运行中发生事故跳闸。对出水泵电源开关进行检查，发现热继电保护器跳闸（设定跳闸电流 14 A，电动机额定电流 14.4 A）。测量电动机绝缘电阻，三相对地电阻无穷大，相间电阻为零，电动机绝缘电阻正常；对出水泵进行盘车，转动灵活，检查地坑内干净无杂物。

对 1 号废水泵进行解体检查，检查发现泵壳处尼龙塑料轴套内部磨损测量磨损后内径尺寸为 55 mm。尼龙轴套磨损情况如图 7-17 所示，叶轮磨损情况如图 7-18 所示，泵壳磨损情况如图 7-19 所示。

图 7-17　尼龙轴套磨损情况

（二）原因分析

由于尼龙塑料轴套内部磨损，泵轴（$\phi50$）在运行中摆动较大，叶轮与泵壳发生摩擦，电动机电流升高，从而导致热继电保护器动作，开关跳闸。

（三）处理措施

（1）做好出水泵定期检查维护工作，定期对尼龙轴套进行更换。

图 7-18 叶轮磨损情况

图 7-19 泵壳磨损情况

（2）做好技术监督工作，定期测量泵的运行振动值，确保设备安全稳定运行。

（3）对于自动启动的设备，每天至少进行一次振动及温度检测，出现异常情况应及时进行检查。

第八章 脱硫电气系统

脱硫电气系统主要由配电开关、母线、变压器、电缆、电动机等设备组成。脱硫厂用电包括 6 kV（10 kV）和 400 V 两个电压等级。6 kV 电源来自主机组 6 kV 厂用母线，负载主要有增压风机、浆液循环泵、磨机以及脱硫低压厂用变压器等；400 V 电源正常运行时来自脱硫厂用低压段。脱硫系统一般还配备不间断电源系统（uninterruptible power system，UPS）和直流系统，重要热控设备的电源（包括工程师站及操作员站所用电源）均由脱硫 UPS 提供，脱硫系统开关保护等电源由直流系统提供。当脱硫系统电气厂用母线发生故障时，会导致脱硫设备停运，严重的甚至造成脱硫系统停运，引起锅炉主燃料跳闸；如果保护装置不能正确动作，则有可能造成主机组厂用母线失电，进而影响机组的安全。

常见引发厂用电系统故障的因素有开关机械结构故障、保护装置故障、绝缘失效、直流蓄电池老化等。针对这些常见电气故障，主要的防范措施包括定期进行预防性试验以及保护装置检验、加强直流系统及 UPS 设备的检查、加强专业人员的电气知识培训、严格执行"两票"制度等。本章结合电厂脱硫系统电气设备运维情况，重点介绍电气系统设备治理改造及常见故障处理典型案例。

第一节 治理改造案例

案例一 石灰石供浆泵变频节能改造

设计人员在脱硫系统设计阶段，往往会预留部分富余的容量，以保证设备能满足高工况下的功率输出。因此设备在工况需求较低的情况下运行时，输出功率大于实际需求功率，不仅造成功率浪费，还增加了设备的负担，加速设备老化，在脱硫供浆系统中，该现象尤为明显。脱硫石灰石供浆系统一般采用定速泵，在脱硫浆液需求量变化时，通过自动调节阀门开度进行控制；运行过程中发现，浆液需求量小时，大量的浆液通过回流管返回至石灰石浆液箱，不仅造成供浆泵能量的损失，也增大了回流管路的磨损。

变频器作为工业生产活动中的重要节能设备，具有节能性能好、可靠性高、功能强大、技术成熟、操作简单等优点。近年来，随着变频技术的发展，新建电厂在设计脱硫系统时为供浆泵配置了变频器，部分电厂也进行了供浆泵的变频改造，以期达到节能降耗的目的。

从石灰石供浆变频泵的运行情况看，不仅满足了脱硫低负荷运行时石灰石的供应，还从根本上解决了石灰石浆液在系统内循环造成的能量损失问题。

（一）项目概况

辽宁某电厂 2×330 MW 供热机组烟气脱硫项目，采用石灰石-石膏湿法烟气脱硫工艺，吸收剂为石灰石粉与水配制的悬浮浆液，副产品为二水石膏。脱硫系统初步设计中，石灰石供浆泵为工频控制，2 台石灰石供浆泵功率均为 37 kW；供浆系统通过调节回流阀门开度和供浆电动阀门开度，来控制泵出口压力及进入吸收塔的供浆量，以稳定吸收塔的 pH。当脱硫所需石灰石供浆量较小时，回流阀开度较大，多余的石灰石浆液通过回流管线送回石灰石浆液制备箱，一方面造成电能浪费较大，另一方面对回流阀、供浆调节阀及管道冲刷磨损严重，不利于设备的安全稳定运行，而且增加了检修的工作量。鉴于以上情况，公司对石灰石供浆泵进行了变频技术改造，通过调节电动机的转速达到节能和稳定运行的目的。改造前供浆流程如图 8-1 所示。

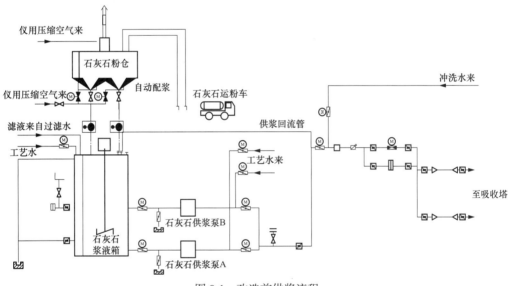

图 8-1　改造前供浆流程

（二）改造方案

改造的整体思路是在保持原有控制系统不变的基础上，增加变频调速功能，根据机组工况进行实时调频，采用自动或手动控制方式，达到节能效果。两台石灰石浆液泵为"一运一备"运行方式，为确保改造后设备运行的可靠性，决定采用一拖一的改造方式，即每台石灰石浆液泵配一套变频装置。

在选择变频器时，根据供浆泵的参数及需求进行选择，包括供浆泵转矩、电流、转速、电压等。须保证变频器的最大功率与浆液泵的最大输出功率一致，协调好调速范围和转矩。

选择电动机在启动、连续转动以及过载等情况下的最大转矩，使变频器能够被应用于浆液泵的任一工作状态中。除此之外，选择变频器还应注意：

（1）变频控制柜设置工频/变频选择开关，通过开关的选择实现1台供浆泵在工频/变频方式下运行。

（2）变频控制柜配置频率给定远方/就地选择按键，并安装手动调速控制面板，可以通过调整控制面板上的频率调整按键或通过远方调整4～20 mA模拟量信号进行调速。

（3）自动信号调节方式：PID调节4～20 mA为pH或压力信号，PID控制板安装到控制柜前面柜门便于操作。

（4）正常的控制方式下，在变频柜内实现工频和变频互锁。

（5）变频远程启动方式下可以实现人工调频，以及供浆泵出口压力和吸收塔pH两参数的自动调频控制。

根据以上要求，选择合适的变频器以及交流接触器、空气开关等配件。变频控制柜安装在工艺楼低压配电间，原电源开关柜到变频控制柜铺设ZR-YJV-0.6/1kV-3×25+1×16动力电缆2根共计50 m。

供浆管路系统方面，供浆泵出口原有回流管道封闭，在回流管道两端加装堵板，在石灰石供浆总管线上添加压力变送器一台（改造后供浆流程如图8-2所示），并敷设一根ZD-DJYPVP-2×2×1.5屏蔽信号电缆至工艺楼DPU控制间，从DPU控制间敷设3根ZR-KVVP-10×1.5屏蔽信号电缆至MCC控制间；电缆敷设时，尤其是动力电缆，两端必须做绝缘处理，不能让电缆接触带电设备，以免伤害人身和设备安全。热控新增23个控制测点，对供浆逻辑进行重新组态。供浆逻辑修改内容如图8-3所示。

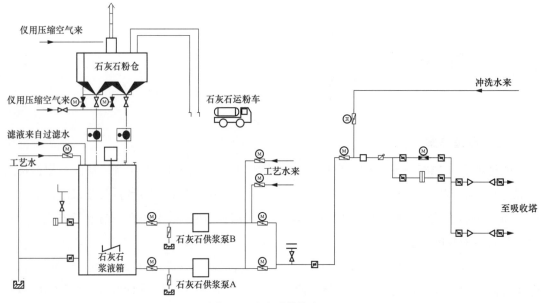

图8-2　改造后供浆流程

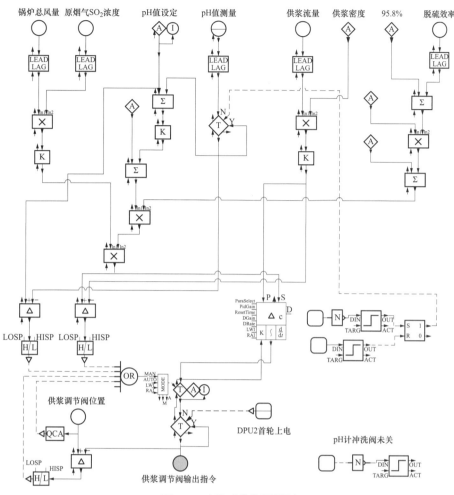

图 8-3　改造后供浆逻辑图

（三）系统调试

变频改造完成后，对系统进行检查、调试，过程如下：

（1）线路检查及柜内接线控制回路检查校对。对新敷设的电源线及信号线进行绝缘电阻检查及校对，对控制柜内接线按照厂家提供接线图进行校对，待完全符合设备运行要求后送电。

（2）就地工频调试。对变频控制柜的工频控制回路进行空载调试，观察控制柜内接触器、控制开关、状态灯等是否正常，待柜内调试正常后进行带载调试；观察功能是否与改造前相符。

（3）就地变频控制器调试。变频器送电后，进行空载调试，根据带负载的石灰石供浆泵电动机功率对变频控制器进行参数修正并保存，同时将修正后的参数上传给本地操作控制器；校对 DCS 系统相关参数，并对参数进行相应修正；待变频器工作正常后，进行带负载本地控制调试，观察变频器带载运行电流、管线压力、变频器运转状态显示以及石灰石供浆泵运行状态是否正常等。

（4）远方工频启动。将控制盘柜上工频/变频选择开关打至工频位置，工频启动选择开关打至远方控制模式，联系运行操作人员进行工频远方进行启动带负载运行，观察运行参数是否符合运行要求。

（5）远方变频启动。将工频/变频选择开关打至变频位置，将本地控制器上本地/远方控制模式切换到远方控制模式，通知集控室运行人员进行变频启动，同时进行加/卸载频率调整测试，观察是否满足生产要求。

（6）试验最小变频频率。供浆管道通常连接至浆液循环泵出口管道，根据连接点的高度以及浆液循环泵出口压力，可以确定供浆泵最小出力（管道中浆液流速过低会导致浆液沉积，造成管道堵塞）。根据供浆管道对扬程的要求以及浆液最低流速的要求，应通过试验确定最小变频频率。按照 1.2 m/s 的最低流速和供浆管道截面积，计算出供浆最小流量，通过改变供浆泵频率，根据流量计反馈数值来确定最小变频频率，考虑到误差影响，应提高 2.5 Hz，最终值作为变频器调节下限。

（7）远方自动供浆与变频控制联调。变频控制柜远方/本地选择开关打到远方控制模式，DCS 上打到 pH 控制模式，并投入自动控制模式，用 pH 设定与测量偏差来自动调整变频器输出频率，进而控制供浆量，以达到控制吸收塔 pH 的目的。经过调整后的吸收塔 pH 控制平稳，省去了供浆控制阀，节约了维修费用，达到了节能环保的效果。

（四）改造效果

石灰石供浆泵变频改造后，运行平稳，通过对供浆控制逻辑的不断完善，达到了良好的自动控制效果，减少了运行人员的工作量。

节能方面，经过几个月的运行，对节能效果进行了测算。改造前，两台供浆泵每月平均耗电量为 14310 kWh，按照 0.4 元/kWh 计算，每月电费 4293 元；改造后，两台供浆泵每月平均耗电量为 3963 kWh，每月电费 1585.2 元，相较改造前每月节约电费 2707.8 元。项目改造总的投资为 65000 元，包括变频控制柜、电缆、压力变送器、人工费等，预计 2 年可以收回投资成本。

案例二　工艺水泵变频节能改造

（一）项目概况

某电厂 2×330 MW 脱硫装置工艺水系统配有 2 台工艺水泵和 1 台事故水泵，其中 2 台工艺水泵的电动机功率为 90 kW，事故水泵为 37 kW，启动方式为直接启动，工艺水系统设有自力式回流调节阀。正常情况下开启 1 台工艺水泵运行，在实际运行过程中出现了以下问题：由于机组负荷变化大，脱硫装置除雾器冲洗的用水量波动大，导致工艺水系统供水量波动较大；由于工艺水系统用水量波动大导致工艺水母管出口水压波动大，对管网造成冲击，管道法兰处漏水频繁，同时机封冷却的水压时高时低，影响机封使用寿命；由于工艺水压力波动大，致使吸收塔除雾器前自力式调节阀及回流自力式调节阀动作频繁，易发生故障，设备的维护量较大。为解决以上问题，公司决定进行工艺水泵变频改造。

（二）改造方案

改造的整体思路是对两台工艺水泵增加变频调速功能，变频指令跟踪工艺水母管压力，压力设定分为"手动"和"自动"两种控制模式。自动控制模式状态下，根据工艺水系统的三种不同工况，自动设定相应的压力值，来实现工艺水母管压力的自动控制。

根据以上需求挑选合适的变频器。市面上有许多变频器针对风机、水泵等应用做了特别的优化，更加经济环保，有些产品还配有变感式电抗器，对降低谐波对设备造成的损害有非常重要的防护作用。变频器的安装需要注意：一是变频器控制柜的安装位置，由于脱硫厂房环境一般相对均比较差，因此变频控制柜选择安装在配电室内。二是变频器的安装位置，变频器垂直安装在控制柜内的中部，正上方和正下方要避免安装可能阻挡排风、进风的大元件，变频控制柜顶部安装功率相当的轴流风机便于变频器强制通风（排气直排室外）。三是防止变频器的外部干扰，控制电路的信号线与动力线分开布线，两者不能平行排列，只能交叉穿过，控制电路的信号线选用带屏蔽双绞线，并将屏蔽层牢固接于变频器 PE 端或公共端；变频器与电动机距离较远时，输出端加装电抗器以减少高频噪声。

接下来对变频改造进行施工：

电气施工方面，一是工频控制柜抽屉改造；二是进行电缆敷设。首先对原有工艺水泵配电柜抽屉进行改造，将控制柜抽屉改为只具有开关功能的普通抽屉，取消原有的远方合闸、分闸指令，取消分闸、合闸状态显示，取消电流上传；将原控制柜抽屉改为变频器的供电电源；然后进行电缆敷设工作，敷设原工艺水泵控制柜抽屉至变频控制柜 120 mm^2 的动力电缆 2 根（增容改造后剩余电缆利用），接到变频器电源输入端，原动力缆移至变频控制柜接到变频器输出端。变频器控制柜至 DCS 电子间控制柜敷设信号电缆 6×1.0 mm^2 电缆 2 根，用于变频器运行、停止状态、故障信号反馈；敷设信号电缆 4×1.5 mm^2 电缆 2 根用于变频器运行、停止指令接收；敷设信号电缆 6×1.5 mm^2 电缆 2 根，用于变频器接收输入频率、输出反馈频率及变频器电流输出显示。

热控施工方面，主要是在 DCS 系统新增 12 个控制点，包括工艺水泵运行、停运、变频器故障、变频启动、变频停止等；同时取消原除雾器自力式压力调节阀 2 台（1、2 号吸收塔各 1 台），取消工艺水母管回流管线上自力式压力调节阀 1 台，并加装盲板封堵。改造完成后的调频方式选择界面如图 8-4 所示。

图 8-4 改造完成后的调频方式选择界面

（三）系统调试

工艺水系统需求的是恒压供水，通过使用 DCS 算法的 PID 调节器，调节器输出信号控制变频器频率输出大小，用频率大小控制电动机转速，从而控制水泵输出水量大小；将工艺水母管压力变送器的信号作为反馈信号，检测管网中的实际压力，变频器根据压力反馈信号调节水泵转速，从而达到管网压力恒定。恒压供水原理图如图 8-5 所示。

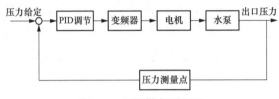

图 8-5　恒压供水原理图

根据脱硫装置工艺水启用设备频繁和用水量大小相差悬殊的特点，设计了变频合理控制的算法，针对工艺水母管压力设定了 2 种方式，手动设定控制模式和自动设定控制模式。

手动设定控制模式：工艺水管网压力由运行人员自己手动控制。根据运行实际情况进行人为调整变频器频率。

自动设定控制模式：在自动设定给定压力点方面，预先选定了的 3 种运行工况：

（1）正常情况下运行压力的自动整定，即当脱硫装置没有进行除雾器冲洗和事故水箱补水的工况下，只需满足正常的机封冷却和氧化风机冷却用水压力即可。此时的压力相对比较低即可满足运行需要，经过长时间跟踪调整，最后确定工艺水管网压力在 0.5 MPa，即可满足正常生产使用；此时的变频器输出最小，最为经济，运行频率在 37 Hz 左右，瞬时功率为 42.5 kW 左右。

（2）除雾器冲洗工况下的压力的自动整定。除雾器冲洗时用水量增加幅度较大，再加上除雾器的安装位在吸收塔接近 40 m 的高度上，如需保证冲洗效果就要保证除雾器喷嘴出水压力。原工频状态下，在除雾器冲洗母管前加装自力式调节阀来控制除雾器喷嘴出水压力；改为变频控制后，自力式压力调节阀取消，除雾器喷嘴出水压力由变频器控制，通过改变频率控制除雾器前压力，经过调试跟踪，0.7 MPa 的工艺水母管压力可以满足除雾器冲洗要求，此时频率在 44 Hz 左右，输出功率在 65 kW 左右。

（3）事故高位水箱补水工况下的压力自整定，当高位事故水箱补水的时候，水箱位于接近 55 m 位置，通过提高变频器输出频率，增加出水量进而提高管网压力，以保证稳定的高位事故水箱的补水量，经过调试跟踪，高位水箱补水时压力稳定在 0.9 MPa 时满足生产运行要求；此时频率在 49 Hz 左右，输出瞬时功率在 80 kW 左右。工艺水泵变频自动控制逻辑算法原理图如图 8-6 所示。

（四）改造效果

工艺水泵变频改造后，脱硫装置工艺水系统运行可靠性明显提高，通过不断完善自动控制逻辑，工艺水供水压力波动较改造前减小，同时系统可以满足不同工况下供水压力的

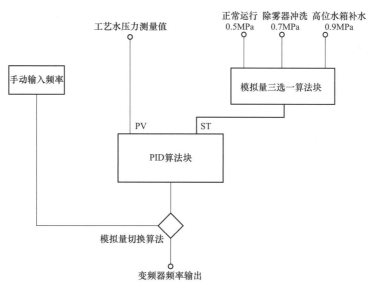

图 8-6 工艺水泵变频自动控制逻辑算法原理图

自动控制，既减轻了运行人员的压力，也减小了系统的检修维护工作量。

节能方面，改造前每月工艺水泵平均用电量为 36648 kW，改造后为 22417 kW，平均每月节约电量 14231 kW，按照 0.3 元 /kWh 计算，一年可节约电费 5 万元，节能效果显著。项目改造总的投资为 95000 元，包括变频控制柜、电缆、人工费等，预计 2 年可以收回投资成本。

案例三　低压电动机保护升级改造

脱硫系统中，部分低压电动机的保护采用热继电器。热继电器就是利用两种不同热膨胀系数的金属片作为热元件，通过电流时产生热量使双金属片弯曲，从而推动弹簧瞬跳机构动作的过流继电器，其整定电流是通过凸轮位置的改变，从而调整推杆的起始位置和弹簧的弹力来达到的。热继电器属电流信号的间接保护，具有成本低等优点，但是其缺点也非常突出，例如：低倍过载反时限动作和极限过载应及时动作与 6 倍过载定时限内应不动作的矛盾，以及断相过载及时动作与三相不平衡应稳定的矛盾；同时热继电器易受外部环境温度影响，而且电流调整不方便、不精准，易发生误动或拒动的情况。随着现代电子技术的高速发展，智能型电动机综合保护装置器功能越来越强，且价格越来越低。热继电器从经济和安全价值上都已经落后于智能型电动机综合保护装置器，很多企业对传统的热继电器保护进行了改造，更换为更加可靠的智能型电动机综合保护装置器。

（一）项目概况

某电厂 2×600 MW 燃煤发电机组脱硫系统配备两台供浆泵，分别由两台电压 380 V、功率 37 kW 的交流电动机驱动，互为备用。供浆泵电动机由脱硫 PC 段提供电源。PC 柜内由塑壳开关、接触器、热继电器回路等构成，接触器控制由塑壳开关下所接隔离变控制，合闸、跳闸等控制由 110 V 直流电源提供，其具体保护方式为：主故障（各种短路故障等）由塑壳开关跳闸进行保护，电动机过载等故障由热继电器断开接触器主回路进行保护。

两台供浆泵电动机互为备用，当一台电动机跳闸后，必须启动另一台为吸收塔供浆。由于热继电器本身的特性，其保护动作不是非常可靠，经常发生过热继电器误动的情况；误动后吸收塔供浆暂时中断，如果机组负荷、硫分较高，将会影响吸收塔 pH 的控制，影响脱硫效果。经多方协商后，公司决定先对这 2 台电动机其中的 1 台（即 A 泵电动机）的保护控制回路进行改造。

（二）改造方案

将现有的热继电器保护更换为更加可靠的智能电动机控制器，将原有热继电器大部分拆除，只保留转换把手，控制面板另外加装；所有的控制都由电动机控制器进行，还需要另外加入电流测点，以便对电动机进行实时监测和事故分析。

热控专业负责在 DCS 系统中分别设置 A 供浆泵电动机电流测点及量程。电气二次专业负责对电动机控制器的具体定值进行设置。电气一次专业负责对 A 供浆泵就地部分改造，远方控制电缆不变，新加电缆将供浆泵电流测点信号送到 DCS 盘柜，并将原有 PC 盘柜内的电气控制回路拆除，更换为智能电动机控制器并重新配线。

改造设备配置及主要功能：

1. ST500+ST522 智能电动机控制器介绍

ST500 为智能电动机控制器本体装置，ST522 为其显示界面，可以进行相应的操作，包括启停电动机、参数设置、定值整定、故障查询等。ST500 的界面如图 8-7 所示，能实现开关量的输入输出、复位、编程、远程通信等功能；此外从面板上可进行电动机启停、复位、定值修改等工作，并显示故障情况。

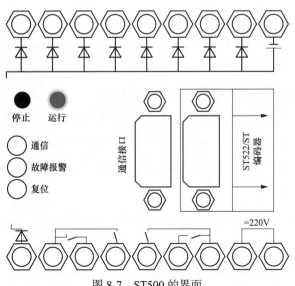

图 8-7 ST500 的界面

ST500 具备的保护功能有：过载、断相、接地、堵转、欠载（欠流）、不平衡和外部故障，应根据实际需要进行选取；控制模式有：保护方式、直接启动、双向启动、双速启动、电阻降压启动、星 / 三角启动（二继电器）、星 / 三角启动（三继电器）、自耦变压器启动（二继电器）、自耦变压器启动（三继电器）等；测量功能包括：三相电流、三相电压、频率、功率因数、功率、电能的测量显示；还有定值设定、故障信息、维护信息等其他功能。

ST500 故障动作时其操作对象为接触器，接触器的分断短路电流能力有一定限制，当分断故障电流大于设定的接触器允许开断电流时，控制器将不分断接触器，只有电流下降至低于设定值时才分断接触器。

2. ST500 常用保护功能

（1）过载保护。过载保护指当电动机在过载状态运行时，控制器根据电动机的发热特性，计算电动机的热容量 12 t，模拟电动机发热特性对电动机进行保护。过载特性有 16 种可选，其中有 7 条符合 GB/T 14048.4—2020《低压开关设备和控制设备 第 4-1 部分：接触器和电动机启动器 机电式接触器和电动机启动器（含电动机保护器）》，标准要求的过载保护级别及 3 种整流倍数下的脱扣机时间见表 8-1。

表 8-1　　　　　　　　　　　　　不同整定倍数下的脱扣时间

控制器 K 系数	保护级别	不同整定倍数下的脱扣时间		
		1.0 倍	1.2 倍	1.5 倍
130	10A	2 h 内不动作	1 h 内不动作	<2 min
280	10A			<4 min
400	20A			<8 min
600	30A			<12 min

过载故障复位方式有手动复位和自动复位两种。手动复位即过载故障保护动作后进行人工现场复位，但人工只能清除故障指示和故障报警信号，不能清除热容量，只有当前热容冷却到电动机允许启动热容时，电动机才允许被再次启动。自动复位即故障过载保护动作后无需进行人工复位，在当前热容冷却到电动机允许启动热容时，过载故障指示和报警信号自动清除，自动复位后电动机允许被再次启动。

（2）缺相不平衡保护。缺相不平衡保护指当电动机发生缺相或三相不平衡时，若不平衡率达到保护设定值时，控制器发出停车或报警的指令。

（3）接地漏电保护。接地保护具有定时限和反时限保护特性，其电流信号取自内部互感器电流矢量和，用于保护相线对电动机金属外壳的短路；漏电保护需外接漏电电流互感器，漏电互感器检测电流的灵敏度较高，主要用于非直接接地的保护，以保证人身安全。

（4）欠电流保护。电动机所带负载为泵式负载时，电动机空载或欠载运转会产生危害，ST500 控制器提供欠电流保护。

（5）堵转保护。堵转保护适用于电动机因短路或堵转等故障电流大的保护。

（6）启动加速超时保护。启动加速超时保护指在接收到启动命令后，在设定的启动时间到时检测电动机电流，如未降到额定电流（满负荷电流）以下则认为加速超时，控制器立即停车或发报警信号。启动时间误差在 ±10% 范围内。启动时间范围：1 s～60 s；动作方式：瞬动。

（7）外部故障保护。外部故障保护指当控制器检测到电动机的相序错误时，控制器瞬时发出停车指令，保护电动机设备的安全。

3. ST500 特殊功能

（1）上电自启动。上电自启动指在上电过程中，控制器将按照系统设置判断是否允许实现自启动功能，可实现电源恢复后的分时自动启动功能。若系统上电自启动功能设置为"允许"，自启动模式设置为"启动"时，那么控制器在上电时可按照设定的延时时间自动启动电动机。若系统上电自启动功能设置为"允许"，自启动模式设置为"恢复"，那么控制器将根据掉电前的状态判断系统是否重新启动，若掉电前系统处于运行状态，则上电后按规定的延时时间自动启动运行；若掉电前系统处于停车状态，则上电时系统将不会自动启动。若自启动功能设置为"禁止"，系统不会自动启动。

（2）欠压或失压重启动特性。该功能只有在带电压功能时有效，且欠压重启动功能需设置为"允许"状态。当电动机处于运行状态，若控制器发生欠压故障跳闸后，控制器报欠压故障信息；由于电动机电压波动或消失导致接触器断开，同时控制器检测到电源跌落到欠压设定值以下（欠压设定值打开），或检测到电源低于额定电压的 70% 以下（欠压设定值关闭），控制器则自动断开控制继电器触点，报控制器失压停车信息。以上两种情况停车后控制器立即开始累计失电时间，当电动机电源恢复到重启动设定电压以上时，如失电累计时间在设定的立即重启动时间内，则电动机立即重启动；如失电累计时间超过立即重启动延时时间，但在设定的延时重启动时间内，电动机则再按设定的延时重启动时间进行自动延时启动；如失电累计时间超过设定的失电延时重启动时间，则电动机清除相关信息，不再自动启动。

（三）改造效果

改造以后，A 供浆泵由智能电动机控制器控制，由于是双电源供电，失去一路供电时不影响正常工作；有就地控制面板，可以远方和就地两种控制模式进行控制，方便可靠；保护配置更加合理；当发生故障后，电动机控制器本身有故障记录功能，能记录 8 次故障，故障发生后需要进行就地复位才能继续投入运行；并且改造后供浆泵加入了实时电流监测，更便于监测和事故追忆。供浆泵电动机定值见表 8-2。

当发生故障跳闸后，需要运行人员到就地按"复位"键才能重新启动；由于电动机厂家不能提供详细参数，电气专业暂时无法进行定值的精确计算。

表 8-2 供浆泵电动机定值

投入保护种类	保护设置项目	响应方式或定值
过载保护（I_r^1）	执行方式	跳闸
	曲线速率	60
	冷热曲线比	80%
	冷却时间	30 min
	允许启动热容	方式一（15%）
	故障复位方式	自动
缺相保护或不平衡保护（I_r^4）	执行方式	报警
	动作值	60%
	延时时间	0.1 s
重启功能	重启动功能	允许
	重启动电压	360 V
	立即重启动失电时间	0.5 s
	延时重启动失电时间	8 s
	欠压重启动延时时间	2 s
自启动功能	自启动功能	允许
	自启动模式	恢复
	启动时间	10 s

注 I_r 为电气柜显示的过载保护的电流整定值。

A 供浆泵保护改造后，电动机智能控制器运行比较稳定，未出现过误动作情况。因此，公司利用等级检修机会，将脱硫 PC 段上大部分负荷都进行了电动机保护改造，将热继电器保护换成了智能电动机控制器，其中包括石膏排出泵、除雾器冲洗水泵等。经过此次改造，整个脱硫系统电动机运行的可靠性有了大幅提升，改造经验值得借鉴推广。

案例四 直流系统可靠性升级改造

脱硫直流系统是电气系统的重要组成部分，为整个脱硫系统开关的保护、操作和热控重要设备提供直流电源。当直流系统的一路充电电源故障或检修时，后备电源即蓄电池可继续作为直流电源，提供直流电；然而直流蓄电池的容量有限，在电池电量耗尽前，如果不能尽快恢复充电电源，直流系统就会面临危急的情况。某公司针对直流系统存在的运行隐患，加装了公用直流充电柜，提高了直流系统的可靠性，为脱硫系统的安全运行提供了保障。

（一）项目概况

某电厂 2×330 MW 机组烟气脱硫项目，采用石灰石－石膏湿法单塔双循环脱硫工艺，直流系统分为直流Ⅰ段、直流Ⅱ段供电模式，直流Ⅰ段由直流充电柜1供电运行；直流Ⅱ段由直流充电柜2供电运行，配备2组蓄电池分别接于直流Ⅰ段、直流Ⅱ段母线上。改造前直流系统原理图如图8-8所示。

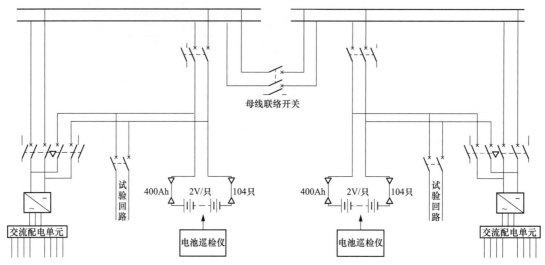

图8-8　改造前直流系统原理图

随着环保政策日趋严格，对脱硫系统可靠性的要求也逐步提高。防止电力生产事故的反事故措施中提到"发电厂动力、UPS及应急电源用直流系统，按主控单元配置，应采用3台充电装置、两组蓄电池组的供电方式；每组蓄电池和充电动机应分别接于一段直流母线上，第三台充电装置（公用充电装置）可在两段母线之间切换，任一工作充电装置退出运行时，手动投入第三台充电装置"。当前直流系统的配置远远达不到上述要求，因此决定对直流系统进行改造。

（二）改造方案

改造的主要内容是在直流充电柜1与直流充电柜2之间加装公用直流充电柜，将公用充电机1段输出接至直流充电柜1输出线处，公用充电机2段输出接至直流充电柜2输出线处，实现直流充电柜1与直流充电柜2任一充电装置退出运行时，可以手动投入第三台公用充电装置。

公用充电柜主母线与原有充电柜主母线连接，根据设计容量考虑，充电柜主母线应选择40×4的铜排；充电柜主母线下设联络开关1只，联络开关额定电流300 A/2级；自带辅助触点2组，常开触点、常闭触点各一组，用于监测联络开关的投退；联络开关定做操作连杆1根，用于连接本体与操作手柄；联络开关上口接充电柜主母线，下口接原有充电柜主母排；连接导线选择95 mm² 软铜线2根，用优质接线把两段主母线的正极与正极、负极与负极连接起来，形成单母线分段方式。改造后直流系统原理图如图8-9所示。

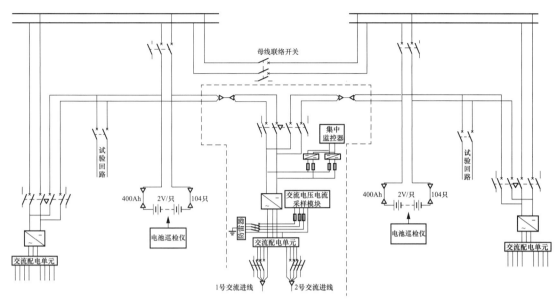

图 8-9 改造后直流系统原理图

（三）改造效果

经过可靠性升级改造，由直流充电柜 1 切换至公用充电柜或由直流充电柜 2 切换至公用充电柜均能正常供电。改造后，直流充电柜 1、直流充电柜 2 两套充电装置均运行正常，系统可靠性大幅提高。需要注意的是，检修期间要对新增加的公用充电柜进行检查清理，对接线端子进行紧固，对充电柜微机绝缘装置进行检测，以及对充电柜上级供电电源进行检查，确保系统可靠运行。

第二节 故 障 处 理 案 例

一、高低压配电开关

案例一 湿式球磨机高压开关合闸缺相、分闸拒动

（一）故障概况

2020 年 12 月 23 日 13:10:00，某电厂 3 号机组负荷 350 MW，3 台磨机运行。脱硫运行主值班员发令启动 3 号机组 A 湿式球磨机制浆系统，两名运行人员完成 3 号机组 A 湿式球磨机就地检查后启动磨机慢速盘车电动机，进行磨机慢速盘车操作；磨机各传动部转动和声音正常，高、低压油泵油压正常，磨机轴瓦润滑油油流正常，磨机慢速盘车 18 min 30 s 后停止。13:34:35，脱硫副值班员远程启动 3 号机组 A 湿式球磨机，就地运行人员发现磨机电动机未启动并有"嗡嗡"异声，立即汇报副值班员；副值班员立即进行 3 号机组 A 湿式球磨机开关分闸操作，DCS 画面磨机开关状态显示故障，电流保持 160 A；主值班员随

后又在 DCS 进行 6 次分闸操作均无效，立即指示就地运行人员按下事故按钮，仍旧无效，多次按下事故按钮均无法将磨机开关分闸。

脱硫主值班员汇报值长 3 号机组 A 湿式球磨机电动机异常情况，请求进行 3 号机组 A 湿式球磨机开关就地机械分闸操作。磨机开关合闸约 4 min 后，13:38:00，电动机定子线圈冒烟起火，就地运行人员避险脱离磨机电动机平台，随即电动机冷却器侧翻至慢传电动机处。13:39:03，3 号机组 6 kV B 段母线失电，锅炉 MFT。

图 8-10　3 号机组 A 湿式球磨机开关

故障相关设备参数如下：

（1）磨机电动机参数：型号 YTM560-6；U_e=6 kV；I_e=107.6 A；P_e=900 kW；防护等级 IP54；绝缘等级 F。

（2）高压电缆型号：ZC-YJV-6/6kV 3 × 120。

（3）高压开关型号：CVX-7-250；熔断器 I_e=250 A；真空接触器 U_e=7.2 kV；额定开断电流为 3200 A；主回路电阻小于或等于 50 μΩ；接触器动作次数：1057 次；熔断器 + 真空接触器组合开关照片如图 8-10 所示。

（4）电动机微机型保护装置参数：型号 WDZ-5232；DC 110 V；交流额定电流为 1 A。3 号机组 A 湿式球磨机开关如图 8-10 所示。

（二）原因分析

磨机电动机配套的高压开关是熔断器 + 真空接触器组合开关，接在 3 号机组 6 kV B 段母线。

通过对开关内部的检查发现，由于真空接触器 C 相真空灭弧室动触头机械联动机构动作不到位，造成电动机缺相；同时，开关的辅助触点组松动，与机械机构的联动杆脱开，当开关接收到分闸指令时，辅助触点组无法变位，跳闸回路未能接通，造成开关无法跳闸。电动机缺相导致电动机定子绕组短路，3 号机组 6 kV B 段工作电源进线开关过电流二段保护（后备保护）动作，跳开 6 kV B 段工作电源进线开关，3 号机组 6 kV B 段母线失电。3 号机组 6 kV B 段厂用电系统如图 8-11 所示，2 号干磨开关电气回路图如图 8-12 所示。

（三）处理措施

（1）电气专业开展高压开关专项检查维护工作，统计各真空断路器 / 接触器的分合闸次数。重点检查真空断路器 / 接触器主回路直阻是否合格；对于超过 500 次的断路器、1000 次的接触器，重点检查分合闸机构是否正常、辅助触点组变位是否与断路器一致、分

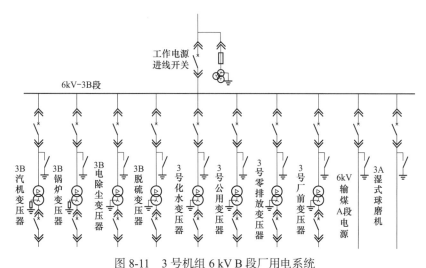

图 8-11 3 号机组 6 kV B 段厂用电系统

注：磨机电动机两相短路，磨机开关拒动造成高压厂用电源 6kV-3B 段
进线开关过流保护动作，进线开关跳闸，6kV-3B 母线失电。

合闸电磁铁阻值和绝缘电阻是否合格。

（2）运行专业开展针对高压电动机两相运行起火的事故应急演练和电气火灾的扑救演练。

（3）组织生产人员针对本次事件的原因分析及防范措施进行学习，防患于未然。

案例二 干磨主电动机开关因机械结构卡涩导致合闸拒动

（一）故障概况

某电厂二期脱硫系统配备 2 台立式干磨机。2020 年 11 月 19 日 19:34:00，脱硫主值班员下令启动 2 号干磨系统，巡检人员就地检查 2 号干磨系统后通知值班员具备启动条件，值班员程控启动 2 号干磨主电动机，发现断路器合闸合不上，DCS 报 "2 号干磨故障"。

故障相关设备参数——脱硫 6 kV 开关参数：型号为 EVH1-12/T1250-40；制造日期为 2014 年 10 月；额定电压为 6 kV；额定电流为 1250 A；装载数量为 38 台。

（二）原因分析

干磨断路器停电后，对开关本体进行检查；将开关本体拉至试验位置，储能开关及控制电源送电，控制方式切换至就地方式；操作就地合闸按钮及开关本体合闸按钮均无法合闸，打开断路器面板，观察传动机构；当开关摇至试验位置时，限位挡板正常放下，开关合闸闭锁解除，合闸后产生的振动使底部定位尺板与限位挡板发生了相对位移，限位挡板误动翘起，推动上方合闸闭锁连杆，误使开关处于合闸机械闭锁状态，导致再次合闸时无法合闸。

电气检修人员办理工作票对开关底板进行更换，就地 / 联调位置分 / 合闸正常（就地 / 联调位置分合闸正常状态图如图 8-13 所示）。20:20:00，运行人员断电将断路器摇至工作

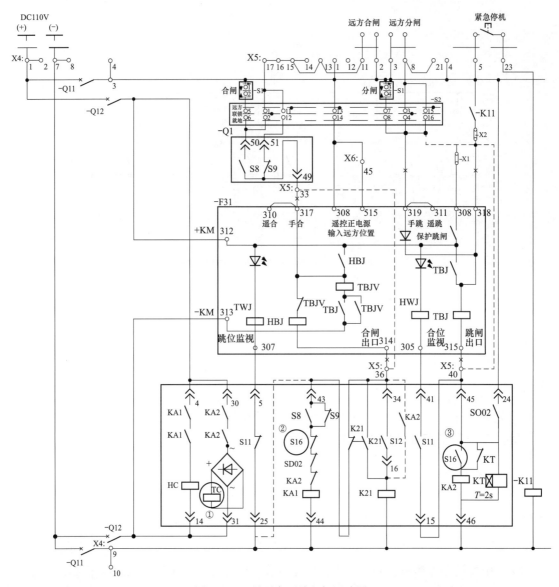

图 8-12 2 号干磨开关电气回路图

注：①跳闸电磁铁；②S16 为联动辅助触点，从 DCS 曲线分析出，此次接触器合闸机构动作时动合、动断点未发
生变位；③由于 S16 动合触点未闭合，造成跳闸回路无法接通，KA2 无法启动，跳闸电磁铁 TC 无法启动，接
触器拒动。

位，试运正常。

（三）处理措施

（1）机组临时停运或大修时，检查所有 6 kV 断路器底部定位尺板与限位挡板是否发生
相对位移。

（2）申报开关零部件物资计划，对可能需要更换的备件及时进行采购。

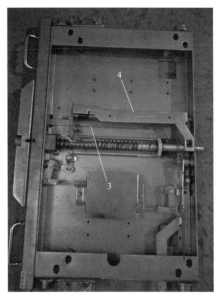

图 8-13 就地 / 联调位置分合闸正常状态图

1—合闸闭锁连杆；2—限位挡板（当开关未到达试验 / 工作位时，限位挡板翘起，
推动上方合闸闭锁连杆，使开关处于闭锁状态，无法合闸）；3—位置尺条；4—限位挡板

案例三　AFT 塔浆液循环泵开关分闸拒动

（一）故障概况

2021 年 5 月 12 日 11:46:00，脱硫值班员远方停运 3 号炉 AFT 塔 B 浆液循环泵，发现无法停运，DCS 报"电气故障"；机务巡检人员就地检查泵运行情况，确认 3 号炉 AFT 塔浆液循环泵 B 运行正常；电气巡检人员到配电室检查发现电动机综合保护装置测控装置

"告警"指示灯亮，检查面板，事件记录为"操作回路断线""告警总信号动作"；因当前负荷高、硫分高，值长要求待负荷低时，再将设备停运进行检查。

19:30:00，脱硫值班员再次远方停运 3 号炉 AFT 塔 B 浆液循环泵，分闸失败，安排巡检到就地按下事故按钮，依然无法分闸；最终，检修人员在配电室对开关进行机械分闸操作，分闸成功，3 号炉 AFT 塔 B 浆液循环泵停运。

故障相关设备参数如下：

开关型号：EVH1-12/T1250-40；制造日期：2014 年 10 月；额定电压：6 kV；额定电流：1250 A；断路器动作次数：825 次。EVH1-12/T1250-40 开关照片如图 8-14 所示。

图 8-14　EVH1-12/T1250-40 开关照片

（二）原因分析

电气人员对开关进行检查，将开关控制电源断电，开关拉至试验位，打开真空断路器面板，内部二次接线无松动情况，手摸分闸线圈，表面发烫（约 50 ℃），开关柜内有焦煳味，初步断定开关远方分闸时，分闸线圈通电未分断，分闸线圈烧损，测量分闸线圈阻值无穷大（标准：40 Ω ± 3 Ω）；检查分合闸线圈推杆光滑，表面无毛刺。

通过对开关内部进行检查发现，真空断路器分闸线圈烧损是导致开关无法分闸的直接原因。经与开关厂家沟通确认，高压开关配套的本批次分合闸线圈的漆包线绝缘层存在质量缺陷。本开关分合闸次数为 825 次，开关长期分合闸造成线圈导线反复发热，线圈绝缘层可靠性逐渐下降，导致线圈的原始质量缺陷被诱发，出现烧损。分闸线圈、合闸线圈照片如图 8-15 所示。

图 8-15　分闸线圈、合闸线圈

（三）处理措施

（1）做好高压开关维护保养工作，定期为机械部位添加润滑油脂，防止机械部分卡涩，减少分闸阻力；定期检查真空断路器及开关柜二次回路接线情况，对接线处进行紧固，防止辅助开关及二次接线接触不良。

（2）电气专业针对高压开关开展专项检查维护工作，统计各真空断路器 / 接触器的分合闸次数，重点检查真空断路器 / 接触器主回路电阻是否合格；对于超过 500 次的断路器、1000 次的接触器应重点检查分合闸电磁铁阻值和绝缘电阻是否合格，分合闸机构是否正常、辅助触点组变位是否与断路器一致。

（3）重点排查 EVH1-12 系列开关配套的此品牌分合闸线圈，对于超过标称电阻值的分合闸线圈应立即更换，同时应尽可能避免采购分合闸线圈作为备件。

案例四　脱硫 6 kV I 段母线电压互感器低电压动作

（一）故障概况

2020 年 10 月 8 日，2 号机组负荷 160.89 MW。05:19:00，DCS 发出报警，脱硫 2 号炉 6 kV I 段母线电压低故障，脱硫值班员通知检修人员进行处理。

（二）原因分析

检修人员对 2 号炉 6 kV I 段电压互感器（TV）柜二次回路进行检查，发现 2 号炉脱硫 6 kV I 段电压互感器柜内电压继电器 KV1 动作指示灯闪烁，中间继电器 KV3、KV4 动作指示灯常亮；检查电压继电器 KV1，测量电压互感器出线电压及电压继电器辅助电源电压均正常（电压互感器出线电压为 AC103 V，辅助电源为 DC 224 V）。电压继电器整定电压设定值为 60 V，电压继电器 KV1 动作指示灯应为常亮状态，现为闪烁状态，判断电压继电器 KV1 损坏。

检修人员经过认真核对电压互感器柜二次回路，确认电压继电器 KV1 的作用仅仅是为 DCS 系统提供设备状态显示信息，不参与保护。打开电压继电器 KV1 对内部进行检查，电路板有变色痕迹，判断部分元件有烧毁的情况，更换电压继电器后恢复正常。电压继电器见图 8-16。

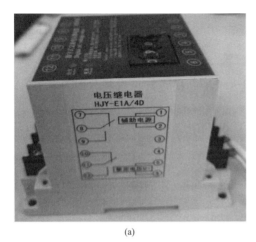 

(a)　　　　　　　　　　　　　　　　(b)

图 8-16　电压继电器
（a）电压继电器外壳；（b）电压继电器电路板

根据检查情况判断，2 号炉 6 kV I 段电压互感器柜内的电压继电器 KV1 长周期运行，内部元件老化，输出接点特性异常，造成继电器动作；同时发现电压互感器柜内电压继电器实际接线方式与电压互感器柜设计图纸不符，电压继电器 KV1 应选择电压互感器出线电压低于电压继电器整定值时动作的电压继电器，现电压继电器 KV1 为电压互感器出线电压高于整定值时动作，利用电压继电器动合、动断触点反接达到设计图纸的效果，造成的结果就是电压继电器长期处于带电动作状态，减少了电压继电器的使用寿命，增加了故障率。

（三）处理措施

（1）运行人员加强监盘，发现异常及时通知检修处理。

（2）利用机组停运检修的机会，按照设计图纸对电压互感器进行重新接线，确保电压继电器的工作状态正常。

案例五　接触器短路环断裂导致干磨空气压缩机 B 跳闸

（一）故障概况

2020 年 4 月 28 日 04:45:00，脱硫值班员发现干磨车间空气压缩机 B 跳闸，DCS 报"综合报警"，压缩空气压力 0.13 MPa；停运 2 号干磨系统，巡检人员至就地检查，发现干磨车间空气压缩机 B 显示屏无显示，空气压缩机柜内无焦味，无异声，无漏油现象；启动干磨车间备用空气压缩机 A，压缩空气压力 0.56 MPa，恢复 2 号干磨制粉系统。

电气人员到配电室检查，发现干磨车间空气压缩机 B 开关智能测控保护装置显示"外部分闸成功"，电源分闸指示灯亮，无报警和故障指示；就地切换空气开关显示就地"储能和分闸指示灯亮"，断路器本体显示"分闸"储能正常；开关柜内无焦味，无异声。

故障相关设备参数：干磨空气压缩机为微油螺杆空气压缩机，空气压缩机功率为 160 kW；排气量为 28.92 m³/h；排气压力为 0.8 MPa，进气压力为 0.1 MPa；电动机功率为 160 kW；额定电流为 291 A。

（二）原因分析

电气人员手动盘动电动机和螺杆空气压缩机无卡涩，检查卸荷阀阀芯无卡涩；对电动机绝缘电阻和直流电阻测量检查，均合格；检查就地控制柜内接触器，无粘连现象。

16:35:00，就地试启干磨车间仪用空气压缩机 B 电动机，运行电流正常（286 A）；16:41:00，电气人员发现控制柜内接触器有异响，重新执行安全措施，对有异响的接触器进行检查，发现接触器铁芯处短路环断裂（如图 8-17 所示）；对短路环进行重新焊接、锚固后，重新启动，异声消除，运行电流正常（281 A）。

短路环位置

图 8-17 接触器铁芯处短路环断裂图

电气人员对故障接触器进行分析，交流接触器的短路环是嵌装在铁心某一端的铜环，主要作用是消除衔铁产生的振动和噪声。由于在短路环中产生的感应电流，阻碍了穿过铜环的磁通变化，使磁极的两部分磁通之间出现相位差，因而两部分磁通所产生的吸力不会同时过零，即一部分磁通产生的瞬时力为零时，另一部分磁通产生的瞬时力不会是零，其合力始终不会有零值出现。简而言之，交变电流过零时，短路环可以维持动静铁芯之间具有一定的吸力，以清除动、静铁芯之间的振动，这样就达到减少振动及噪声的目的。接触器的使用环境和质量问题会引起短路环运行中断裂，当短路环断裂后，电磁吸力减少，接触器产生振动，造成运行中有异声，同时会有接触不良的现象，导致运行中瞬时缺相，引起开关保护动作。

（三）处理措施

（1）定期检查交流接触器上的各紧固件是否有松动，包括短路环等重要的导体连接部分。

（2）定期对接触器进行维护和保养，检查交流接触器铁芯的紧固情况及有无锈迹。

（3）定期清理交流接触器的外部灰尘，特别是交流接触器的运动部件及铁芯吸合接触面。

案例六　配电箱进水导致浆液循环泵减速机油泵跳闸

（一）故障概况

2020年某月，某电厂4号机组运行工况：负荷536 MW，原烟气SO_2浓度861 mg/m³（标准状态下），净烟气SO_2浓度13 mg/m³（标准状态下）。浆液循环泵运行方式为A、B、C三台浆液循环泵运行；吸收塔pH为4.7，AFT塔pH为5.8，吸收塔供浆量：10.1 t/h，AFT塔供浆量：0 t/h。

23:53:00，脱硫运行监盘人员听到声光报警，查看报警为"4号C浆液循环泵润滑油泵电动机综合故障"，随后4号C浆液循环泵跳闸；巡检人员就地检查4号C浆液循环泵电动机无异味，温度正常（电动机：28.7℃；减速机：40℃；泵体：36.5℃），就地控制电源箱有渗水现象。

电气人员到就地检查，发现4号C浆液循环泵润滑油泵就地控制柜内空气开关跳闸，柜内接触器及空气开关处电缆有渗水（如图8-18所示），造成线路短路，导致4号C浆液循环泵润滑油泵跳闸。

（a）　　　　　　　　　　（b）

图8-18　柜内接触器及空气开关处电缆渗水照片

（a）控制柜柜体漏点；（b）控制柜柜内腐蚀情况

（二）原因分析

晚间突发强降雨，由于防台防汛期间检查不全面，重要设备室外控制箱防雨措施执行不到位，导致4号C浆液循环泵润滑油泵控制箱进水；4号C浆液循环泵减速机润滑油泵就地控制箱的箱体边缘有锈蚀现象，虽然箱体上方加有防雨罩，但防雨罩防护面积较小；循环泵房上方平台雨水沿平台斜撑，少量雨水从就地润滑油泵控制箱上方锈蚀不严密处渗入控制箱内，分闸回路中间继电器进水短路，导致 4 C 浆液循环泵减速机润滑油泵跳闸，热控联锁保护动作，4 C 浆液循环泵跳闸。

（三）处理措施

（1）检查现场所有配电箱，对有破损、锈蚀情况的进行修补，确保密封完好。

（2）汛期到来之前要全面进行防台防汛检查，落实防台防汛措施，对室外重要设备的防雨罩进行加大、加固，确保不受台风、降雨影响。

案例七　开关熔断器熔断导致真空泵跳闸

（一）故障概况

2020 年 10 月 10 日，检修人员清理 2 号吸收塔 A 石膏排出泵的出口滤网工作结束，16:52:00，运行人员启动 2 号吸收塔 A 石膏排出泵，17:04:00 启动 A 真空泵，启动电流 211 A，3 s 后电流降至 180 A，真空泵跳闸。

故障相关设备参数：

真空泵参数：真空泵型号为 2BE3520-340；电动机型号为 YKK-355-280；额定电压为 6 kV；额定电流为 34.5 A；高压开关 F+C（高压熔断器 + 真空接触器）；高压熔断器，熔体 I_e=100 A；真空接触器为 VSC-7-400 A，接触器 I_e=400 A。

（二）原因分析

电气人员对 A 真空泵开关进行检查，发现真空接触器 A 相熔断器熔断；随后对电动机、电缆、真空接触器、开关柜、综合保护装置测控装置进行检查：电动机直流电阻为 2.755 Ω，三相直流电阻平衡，测试合格。电动机三相对地绝缘电阻、电缆三相对地绝缘电阻、相间绝缘电阻、真空接触器断口对地绝缘电阻均大于 2500 MΩ，吸收比 2.52，测试合格；综合保护装置校验、真空接触器特性试验均合格。

对熔断器解体检查，熔断器熔断体分为两部分，一部分为 6 根直径 0.475 mm 的螺旋主熔丝组结构，用以承担运行及启动过程的电流；一部分为高阻发信熔丝结构，用于主熔丝熔断后发信号用于断开接触器，保护电气设备。此次电动机启动过程中启动电流达到 210 A，为额定电流的 6 倍，大于正常启动电流 180 A，分配到每根熔丝为 35 A。经厂家及多方技术人员分析，真空泵真空接触器的 A 相熔断器因制造中存在工艺和特性上的误差，熔断器主熔断体各熔丝流过电流分布并不均衡，引发某一熔丝过载熔断，如果其中一根熔丝发生熔断，其余熔丝必然会因过载而顺次熔断；由于熔断器未能达到熔断电流熔化时间曲线的标准，高压熔断器提前熔断，造成真空泵跳闸。熔断器熔丝结构及烧损情况如图 8-19 所示。

在检查过程中还发现开关柜母线侧隔离挡板推杆机构和静触头有变形现象，考虑到恢

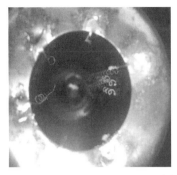

图 8-19 熔断器熔丝结构及烧损情况

复过程中会存在触电的风险，决定将 A 真空泵电源更换到预留开关柜间隔，待母线停电后对隔离挡板机构进行恢复。

（三）处理措施

（1）更换 A 真空泵真空接触器三相熔断器。

（2）利用机组临时停运及等级检修机会，对高压熔断器进行电阻测量，大于原始数值 20% 进行更换，消除存在的缺陷和隐患。

（3）加强安全技术培训，提高员工专业技能水平。

（4）加强运行人员业务培训，熟悉系统操作流程。

二、变频器

案例一　参数设置不合理导致变频器故障

（一）故障概况

某电厂 1 号机组停运，2 号机负荷 170 MW，原烟气入口 SO_2：1984 mg/m³（标准状态下）；净烟气出口 SO_2：3 mg/m³（标准状态下）；pH 为 5.34；2 号吸收塔密度：1072 kg/m³；2 号脱硫系统 A、B、C 浆液循环泵运行，2 号脱硫系统 C 氧化风机运行，脱水系统停运。

2020 年 7 月 11 日 17:29:00，DCS 画面显示事故喷淋泵故障报警，没有任何启动操作及频率调整，设备处于备用投入状态；就地检查事故喷淋泵外表正常，控制柜变频故障灯亮，报"F0002"过电压保护跳闸代码；查看报警期间保安 MCC A 段电压正常无明显波动，就地对事故喷淋泵进行复位，故障灯消失；检查事故喷淋泵变频器进线开关、变频器进线滤波器等均无异常。

（二）原因分析

（1）此变频器已实际运行 10 年，内部元器件老化，导致 F0002 故障频发，虽然 3 台变频器切换运行，但变频器内部整流模块 10 年来一直在工作，这是导致此变频器内部元器件老化的主要原因。

（2）此系列变频器对电压波动及检测比较敏感。

（3）核对变频器参数，修改参数 P1121（斜坡下降速度）设置值为 70（默认为 30，根据工艺修订后设置为 70），P2172 设置值为 1000（默认为 800，最大 2000），r0026（直流回路的电压）检测值为 553；若继续放大参数，已没有意义，反而会造成变频器内部直流回路故障，且存在安全隐患。

（三）处理措施

（1）运行人员在事故喷淋泵联锁投运备用时，加强盘面监视。

（2）运行人员细化调整工艺水的使用，尽可能避免工艺水泵出口压力和流量大幅度波动。

（3）对同型号变频器进行全面排查。

案例二　控制板熔断器烧毁导致变频器跳闸

（一）故障概况

2020 年 5 月 31 日，某电厂 1 号机组负荷 166 MW，原烟气 SO_2 浓度 2322 mg/m^3，出口 SO_2 浓度 6.6 mg/m^3，2 台吸收塔浆液循环泵 +1 台 AFT 塔浆液循环泵运行，2 号工艺水泵运行，电流 79.9 A，出口压力 0.6 MPa，1 号工艺水泵热备用，联锁启动投入，脱硫系统运行正常，出口达标排放。11:27:00，2 号工艺水泵电动机电气跳闸，1 号工艺水泵联锁启动，通知检修人员检查处理。

（二）原因分析

经电气人员检查，2 号工艺水泵主开关未见异常，变频器显示屏黑屏停运状态，电动机及输出动力电缆绝缘均正常；电气人员打开变频器检查内部，发现辅助控制板熔断器松动且烧毁；更换熔断器后通电，检查变频器故障记录，发现最新故障记录为 "DC UNDERVOLT"，即直流电压欠压报警，且故障已消失，变频器恢复正常备用状态。

（三）处理措施

（1）电气检修人员利用设备停运时间对其他变频器关键部件进行检查及紧固，避免因内部部件松动打火引发烧毁触发事故跳闸。

（2）加强对脱硫重点设备和关键设备的跳闸停运的应急处理方面的培训，提高全员素质。

三、综合保护装置

案例一　因综合保护装置故障造成开关误动作

（一）故障概况

2021 年 2 月 10 日，某电厂 1 号机组负荷 450 MW，1 号脱硫系统 A、B 浆液循环泵及 1 号脱硫系统 AFT 塔 B 浆液循环泵运行。1 号脱硫装置入口二氧化硫浓度 888 mg/m^3（标准状态下），出口二氧化硫浓度 8.79 mg/m³（标准状态下）。

21:34:00，运行监盘人员发现 1 号脱硫系统 A 浆液循环泵运行电流由 67 A 降至 0 A，DCS 显示电动机电气跳闸，就地检查浆液循环泵已停运，泵体、减速机、电动机温度测点均无异常；联系检修专业人员对 1 号脱硫系统 A 浆液循环泵进行检查。

就地检查 1 号脱硫系统 A 浆液循环泵及事故按钮未发现异常，电动机盘车正常。电气检修人员逐步对循环泵电动机、F+C 开关本体、DCS 卡件、综合保护装置进行检查，电动机与电缆绝缘电阻正常，三相绝缘电阻 1820 MΩ，吸收比 2.61；开关柜本体绝缘对地电阻与相间绝缘电阻均大于 2500 MΩ，开关柜内二次接线完好，无松动，分闸线圈完好，机械闭锁装置完好，直流电压正常 112 V，就地事故跳闸按钮正常，测量事故跳闸线路正常；检查 DCS 继电器动作正常，控制回路相关电缆接线和绝缘正常。综合判断为综合保护装置问题。

对 1 号脱硫系统 A 浆液循环泵综合保护装置更换电源板、操作板、CPU 板后，于 11 日 04:31:00 再次启动 1 号脱硫系统 A 浆液循环泵，启动正常，设备恢复运行。

（二）原因分析

1 号脱硫系统 A 浆液循环泵综合保护装置为 2005 年生产，使用年限较长，经专业人员分析，判断原因为综合保护装置 CPU 板和操作板内部电子元件老化，综合保护装置接收和发出指令模块存在问题，致使设备误动。此次事件，反映出公司设备可靠性管理工作落实不细致，专业维护及管理人员未能准确认识综合保护装置在寿命后期（使用周期超过 15 年）存在内部电子元件老化、工作可靠性降低的风险，未按照相关规定对保护装置的电源插件、交流测量插件、操作插件定期进行校验和对 CPU 插件的定值检查及传动试验工作，未按照要求储备相应插件。

（三）处理措施

（1）将综合保护装置升级更换列入等级检修计划，利用机组检修期间实施。

（2）做好循环泵跳闸事故预想，优化系统运行方式，保证吸收塔 2 台浆液循环泵运行，进一步提高运行人员监盘质量，确保系统稳定运行，环保指标达标排放。

（3）按照 DL/T 995—2016《继电保护和电网安全自动装置检验规程》要求定期对现有综合保护装置进行检查，重点做好装置时钟核对、故障记录查询、调试传动、定值核对工作，确保现有综合保护装置运行状况可控、在控。

案例二　因综合保护装置 TA 测量装置异常导致工艺水泵电流高

（一）故障概况

某电厂脱硫系统设有 A、B 两台工艺水泵，功率为 45 kW，运行电流在 55～60 A 区间。2021 年 3 月 12 日 17:16:00，DCS 显示 B 工艺水泵超电流报警，运行人员随即手动停运；就地检查综合保护装置，工艺水泵停运状态下显示电流 200 A；对综合保护装置重新停送电，工艺水泵停运状态下电流依然显示 30～190 A（如图 8-20 所示），对综合保护装置进行更换。19:50:00，电气人员更换完综合保护装置后 DCS 及综合保护装置电流显示均为零，启动 B 工艺水泵进行试运，DCS 及综合保护装置电流显示正常，在 55～60 A 区间内（如图 8-21 所示）；用钳形电流表测量电流数值与综合保护装置测量电流显示一致。

图 8-20　旧款综合保护装置

图 8-21　新款综合保护装置

（二）原因分析

B 工艺水泵实际运行电流 55～60 A，出现超电流报警的主要原因为综合保护装置自身电流互感器（TA）测量装置异常，导致测量值失真。该批次综合保护装置 LPC2-530 自投运以来，经常出现电流、电压测量失真的问题，可以判断此问题属于该批次产品质量问题。自出现此问题以来，一直采取返厂维修的方式解决，生产厂家已推出 LPC-3532 新产品，计划采购新产品替代旧产品，分批次进行逐步更换。

（三）处理措施

（1）将测量失真的旧款综合保护装置更换为新款综合保护装置，确保装置测量的正确性。

（2）采购充足的低压综合保护装置，对可能存在问题的设备进行更换。

（3）电气专业人员定期开展低压综合保护装置测量值的比对检查工作，如发现有测量偏差的设备应立即进行检查处理。

四、电动机

案例一　工艺水泵电动机线圈绝缘损坏

（一）故障概况

2021 年 7 月 27 日，某电厂 12 B 工艺水泵电流 65 A，运行正常，出口压力 0.69 MPa。12:03:07，DCS 画面发出 12 B 工艺水泵报电气故障报警、工艺水母管压力低报警，事故冷却水泵联锁启动，立即联系检修人员处理。

检修人员到就地工艺水泵变频器控制柜处进行检查，发现 12 B 工艺水泵变频器显示故障代码"2310"，查阅 ACS800 变频器说明书"2310"故障原因是：①并行连接的逆变模块的过流故障；②输出电流过大，超越跳闸极限值。检修人员对变频器的故障报警进行复位，变频器复位后控制回路自动重启 12 B 工艺水泵，导致变频器再次保护动作，故障跳闸。

检修人员办理工作票对 12 B 工艺水泵电动机进行解体检查，发现电动机 B 相绕组的引出线老化，绝缘皮脱落，电动机 A 相、B 相线圈绝缘电阻为 0 MΩ，三相线圈直流电阻为 0.093、0.1125、0.0836 Ω，随即更换备用电动机。

12 B 工艺水泵电动机功率 55 kW、额定电流 99.6 A，生产日期是 2010 年 8 月，最近一次检修时间是 2020 年 3 月 10 日，检修期间更换了电动机前、后轴承，对引线端子进行了检查，启动前测量电动机绝缘电阻合格。

（二）原因分析

（1）检测 12 B 工艺水泵电动机三相线圈直流电阻不平衡度为 16.7%、13.2%、3.5%，如果直流电阻不平衡度大于 5%，电动机运行时会在线圈局部形成环流引起发热，导致电动机线圈绝缘电阻降低烧坏。最近一次检修只检测绝缘电阻，未对电动机线圈直流电阻进行测量，没有能检测出电动机潜在缺陷。

（2）电动机控制回路设计不合理，变频器跳闸后未解除启动指令自保持回路。同时由于检修人员安全措施执行不到位，未将远方就地转换开关切到"就地"位置，检修人员对故障报警复位后，变频器自动启动电动机，造成第二次跳闸。

（三）处理措施

（1）设备检修过程应严格执行质检点验收，按照 DL/T 596—2005《电力设备预防性试验规程》要求的项目和周期进行电气预防性试验。

（2）对于需要带电作业的工作，应增加安全措施：将设备远方就地转换开关切到"就地"位置。

（3）对工艺水泵控制回路进行改造，增加变频器保护跳闸信号联锁解除启动指令自保持功能，对其他设备控制回路进行检查，发现同类问题及时整改。控制回路整改方法如图 8-22 所示。

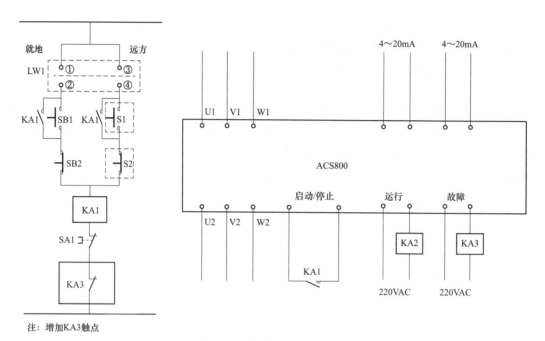

图 8-22　控制回路整改方法

案例二　吸收塔搅拌器电动机线圈烧损

（一）故障概况

2020 年 12 月 13 日 06:44:00，某电厂 7 号机组脱硫系统运行正常，7 号吸收塔 H 搅拌器电流突然升高，超过电流保护定值，触发事故跳闸；电气人员检查配电盘柜，显示热继电器保护动作；检修人员对电动机进行盘车，有卡涩现象；解开电动机接线后，用 500 V 绝缘电阻表测量电动机 A、B 两相的相间绝缘电阻为 0 MΩ，确认为电动机相间发生短路；对电动机解体后检查内部，发现后轴承损坏，散热风扇烧损，电动机线圈烧损。线圈烧损照片如图 8-23 所示，轴承如图 8-24 所示，风扇损坏照片如图 8-25 所示。

图 8-23　线圈烧损照片

（二）原因分析

7 号吸收塔 H 搅拌器电动机于 2020 年 4 月 17 日机组 C 级检修进行轴承更换工作，检修完成后启动试运，电流在 50～60 A 之间波动，电动机振动、温度、电流等参数同检修前

图 8-24 轴承损坏照片

图 8-25 风扇损坏照片

比较基本一致。此次造成电动机烧损的主要原因为运行中后轴承保持架散架，导致电动机转动阻力增大，转速下降，定子和转子中的电流增大，电动机本体温度升高，定子绕组绝缘层因温度过高而损坏，导致 A、B 两相发生短路，热继电器保护动作。转子中负序电流产生的热量导致电动机端盖侧塑料材质的散热风扇被烧损。

（三）处理措施

（1）电气专业针对运行年份较长的设备开展绝缘电阻、直流电阻的专项检查，发现绝缘电阻低或直流电阻偏差大的电动机，应及时进行绕组绝缘强化。

（2）该型号的搅拌器电动机后轴承室无内端盖，轴承使用的是 6213-2 Z（铁盖密封），无法检查轴承内润滑脂是否充足；将 6213-2Z 更换为橡胶密封的 6213-2RS1，补充充足的润滑脂，同时检查现场该次检修后塑料材质的电动机散热风扇，如发现有风叶缺失或开裂等破损现象的，立即进行更换。

（3）更换备用电动机，烧损的 7 号吸收塔 H 搅拌器电动机返厂进行修理，返回后作为其他搅拌器的备用电动机。

五、高、低压电缆

案例一 真空泵电动机电缆发生相间短路

（一）故障概况

2020 年 8 月 7 日，脱硫公用系统 2 号真空皮带机检修工作完成，进行试运。21:05:00，启动 2A 滤布冲洗水泵，启动 2 号真空皮带脱水机，现场检查正常。21:10:41，启动 2 号真空泵，运行电流 156 A，电流正常。21:11:50，2 号真空泵报电气故障，停止运行；巡检人员就地检查发现 2 号真空泵接线盒处有明显煳味且伴有浓烟，值班人员立即通知电气人员到现场检查。

电气人员就地检查发现 2 号真空泵动力电缆蛇皮管烧损严重（如图 8-26 所示）；打开真空泵接线盒内 A、C 两相电缆线绝缘层融化（A 相接线柱电缆烧损融化如图 8-27 所示，接线口电缆 A、C 两相短路痕迹如图 8-28 所示）。

检查 2 号真空泵电动机（电动机额定电压 380 V、额定电流 350 A）断路器智能脱扣器历史记录：短路报警；核查电动机定值，断路器设定速断电流 3920 A、0 s 动作，长延时 392 A、93.3 s 动作，符合要求；检查断路器触头系统，主触头良好，弧触头有轻微烧灼痕迹，如图 8-29 所示。

图 8-26　蛇皮管烧损

图 8-27　A 相接线柱电缆烧损融化

图 8-28　接线口电缆 A、C 两相短路痕迹

图 8-29　断路器弧触头有轻微烧灼痕迹

（二）原因分析

真空泵电动机接线板 A、C 相接线端子专用压线板固定螺钉紧固力矩较小，螺钉松动

导致接头虚接，电缆线 A、C 两相发热，绝缘层融化，导致 A、C 两相短路，断路器动作保护跳闸。此事件反映出电气设备维护工作存在不足，没有将电动机接线盒的接线紧固情况列入日常及等级检修的检查项目，造成此接线隐患没有被发现。

（三）处理措施

（1）对 1 号真空泵的电动机的接线端子进行检查，有接线端子专用压线板松动的，进行重新打磨紧固。

（2）开展环保岛区域电动机接线盒接线情况的排查及整改工作。

（3）将电动机接线盒接线情况检查纳入电气维护定期工作及等级检修项目中，并制定相关管理规定。

（4）各专业管理人员每月对检修专业人员进行培训，逐步提高检修人员的技能水平。

案例二 浆液循环泵电动机电缆发生接地故障

（一）故障概况

2021 年 3 月 15 日，某电厂执行重污染天气超低排放指标控制规定。因出口 SO_2 浓度超 20 mg/m³（标准状态下），13:44:00，运行人员启动 9 号吸收塔 A 循环泵，运行电流 66 A。15:54:00，9 号吸收塔 A 循环泵事故跳闸。

电气人员就地查看综合保护装置动作报告记录，显示为零序过流动作，动作记录 201 显示 2021-02-15 11:41:45.517（综合保护装置时间）零序启动动作、202 显示 2021-02-15 11:41:45.518（综合保护装置时间）零序过流动作 I_0=0.786 A，综合保护装置零序过流定值为 0.5 A 延时 0 s；测量电缆加电动机绝缘 A 相对地电阻为 50 MΩ、B 相对地电阻为 500 MΩ、C 相对地电阻为 500 MΩ、相间电阻为 90 MΩ、单侧电动机三相对地绝缘电阻均为 3000 MΩ；测量电动机直阻 A-B 相 1.4622 MΩ、B-C 相 1.4617 MΩ、C-A 相 1.4625 MΩ。检查电缆发现 A 相电缆电动机侧三芯指套上方 5 cm 处绝缘管有击穿的痕迹，立即联系电气人员对电缆终端进行重新制作，经过电厂试验班耐压、绝缘测试通过合格后，于 23:39:00 重新启动 9 号吸收塔 A 循环泵，运行正常，运行电流 67 A。

（二）原因分析

造成 9 号吸收塔 A 循环泵事故跳闸的主要原因为电动机侧电缆 A 相绝缘击穿与屏蔽层导通发生接地。在拆解电缆终端重新制作电缆终端的过程中，发现由于基建施工时热缩终端头的制作工艺粗糙，在剥除半导体层时下刀力度过大，损伤了主绝缘，给长期安全稳定运行埋下了隐患。随着 9 号吸收塔 A 循环泵使用年限的增加，其电缆绝缘开始老化，最终在 A 相主绝缘的损伤处击穿（电缆击穿部位如图 8-30 所示），接线口电缆 A、C 两相短路痕迹，与铜屏蔽导通发生接地，导致零序电流大于设定值保护动作。当 A 相发生接地故障时，会产生一个单相接地故障电流，此时综合保护装置检测到的零序电流是三相不平衡电流与单相接地电流的矢量和，因此综合保护装置零序过流保护动作，跳开断路器。

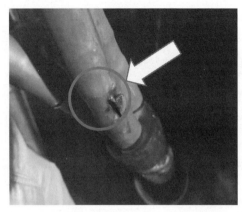

图 8-30　电缆击穿部位

（三）处理措施

（1）电气专业对所有高压电动机电缆的热缩终端头进行检查，重点查看外观是否有受损或绝缘层划伤的现象。

（2）利用机组等级检修机会，安排电气试验班对所有的高压电缆进行不低于 10 min 的耐压试验，根据试验情况对电缆进行更换。

六、UPS 系统

案例一　UPS 系统主输入电压检测单元故障

（一）故障概况

2020 年 6 月 26 日，某电厂巡检人员巡检至脱硫 UPS 直流间，听到滴滴报警声，汇报监盘人员，就地检查 UPS 直流屏面板，显示系统故障。监盘人员查看 DCS 画面，报警显示：UPS 电气综合故障、直流系统电气故障。联系检修人员检查。

（二）原因分析

检修人员到就地查看 UPS 柜上的历史事件信息，发现故障信息为主输入电压超限值，检查三相输入电压，输入电压检测高于设定值（范围是 176～264 V）；就地万用表检测 PC 端输入电压正常，电池输入电压正常，直流输入电压正常，初步判断为主输入电压检测模块故障；为进一步确定故障点，检修人员，分别对输入电前置电路板三点进行对地电压测量；测量后三点的电压偏差较大，为 1.37、2.71、2.41 V（正常三点电压基本相同）。由此确定型号为 PC926 的模块发生故障（如图 8-31 所示），造成报警。主输入电压检测单元故障不影响 UPS 正常工作，运行人员加强对 UPS 系统的监视。

（三）处理措施

（1）紧急采购发生故障的备件，到货后马上安排更换。

（2）电气专业每天用万用表等表计实测各路电压，并做好记录，发现异常紧急投入

UPS 备用电源。

案例二 UPS 系统蓄电池漏液

（一）故障概况

2021 年 2 月 23 日 08:32:00，某电厂 DCS 系统发出报警，UPS 系统主机柜综合故障；就地检查设备，UPS 控制柜发出蜂鸣报警，控制面板 BATTERY 显示红色（电池电压低或电池测试失败）；UPS 设备的输入电压为 3×380 V，旁路电压 220 V，输出电压 220 V。

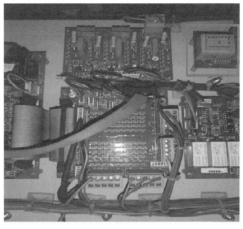

图 8-31 UPS 系统电压检测单元

（二）原因分析

对电池组进行检查，发现个别电池连接处有漏液氧化情况（如图 8-32 所示）。对电池连接端子氧化情况进行清理后，按 BATT TEST（电池测试）按钮，UPS 故障报警消除，UPS 恢复正常，电池组电压为 242 V。本次报警是 UPS 系统自动检测时发出，UPS 系统每 200 个工作小时会进行一次自动检测，检测内容包括后备电池状态。由于部分电池漏液导致电池连接端子氧化造成接触不良，导致检测电池组电压异常，触发报警。本批次 UPS 电池组 2012 年投运，期间未进行过更换。使用年限过长导致设备老化，存在安全隐患。本次报警反映出检修运行人员对设备巡检检查不够细致，未能及时发现蓄电池漏液氧化等设备异常状况。

（三）处理措施

（1）运行人员每班对 UPS 进行一次检查，发现问题或异常情况及时相关人员处理，确保 UPS 系统运行正常。

（2）将 UPS 电池组更换纳入等级检修计划中，采购新的电池组进行更换。

七、直流系统

案例一 直流系统绝缘监测装置老化故障

（一）故障概况

某电厂二期 3、4 号机组脱硫配备一套直流系统，直流母线引至 3、4 号机主厂房直流系统，所带各支路分别为 3、4 号机脱硫保安段控制小母线，3、4 号脱硫 PC 段小母线，3 号脱硫 PC 段 13 柜，4 号脱硫 PC 段 12 柜，3 号湿式电除尘 A、B 电源小母线。

2020 年 6 月 13 日 18:49:00，脱硫主值班员发现

图 8-32 电池连接处出现漏液氧化杂质

DCS 发出"公用直流馈线屏直流母线接地"报警，立即联系电气检修值班人员；电气检修值班人员到达现场，查看直流系统绝缘监测仪面板，显示直流母线负电压低报警；检修人员测直流母线正负端对地电压分别为 +65V，−52 V，并对支路逐个进行测量均正常，监测仪接线端子及其他元器件端子紧固可靠，柜内线路无脱开、接地现象；检查过程中，DCS "公用直流馈线屏直流母线接地"报警反复消失、出现。

电气检修人员分析，如果直流系统各支路正负端电压测量均正常，因二期脱硫直流系统 110 V 电压引至电厂主厂房 3、4 号直流系统，需检查主机侧直流系统微机绝缘监测仪是否有其他设备接地报警；联系主机侧电气专业检查主厂房 3、4 号直流系统，无异常报警；电气检修人员重启绝缘检测仪装置，看报警是否会消失，结果重启后报警仍旧存在；期间，DCS "公用直流馈线屏直流母线接地"报警又多次反复消失、出现。

6 月 14 日，电气检修人员对照二期直流系统馈线图，对 3、4 号机脱硫保安段控制小母线，3、4 号脱硫 PC 段小母线、3 号脱硫 PC 段 13 柜，4 号脱硫 PC 段 12 柜，支路 1 电源检查，主机侧电气值班人员同时进行其他系统排查，无任何异常，再次核对电厂主厂房 3、4 号直流系统微机绝缘监测仪，无报警记录。

6 月 15 日，主机侧电气专业点检用手持探测器及直流系统故障探测仪对直流母线、各支路小母线电源检测，并对 3 号湿式电除尘 A、B 电源小母线就地检查，均无异常。电气检修人员对以上检查结果进行分析，判断绝缘监测装置瞬间报警现象可能是因装置内部元器件老化，系统检测不到直流母线的对地电压和绝缘电阻，造成报警。

（二）原因分析

二期脱硫直流系统于 2011 年投产，已使用 9 年，内部元器件部分老化，无法实时监测直流母线的对地电压和绝缘电阻，被检信号无法直接在电流互感器内部转换为数字信号，发出"公用直流馈线屏直流母线接地"的误报警。

（三）处理措施

（1）重新采购直流系统绝缘电阻检测装置，待备件到货后立即更换。

（2）电气人员每日对直流系统进行一次检查，发现问题或异常情况及时相关人员处理，确保直流系统运行正常。

案例二　直流系统整流模块电路板异常

（一）故障概况

2020 年 4 月 18 日 10:30:00，运行人员监盘时发现直流系统报综合故障，随后恢复正常，通知电气人员查看；电气人员到直流室发现故障指示灯亮，查看直流系统主机，发现直流系统主机上有"第 1 号整流模块交流输入故障和第 1 号整流模块交流输入故障恢复"频繁显示现象；咨询直流系统厂家工程师，告知直流系统整流模块个数（4 个整流模块）、整流模块电流（2.62 A）、整流模块电压（233.4 V）、蓄电池电压（233.7 V）、整流模块散热风量（与其余三个整流模块风量没有明显区别）及温度（略高于其余三个整流模块温度）等详细信息；厂家工程师建议将 1 号整流模块从整流柜上取下并将整流模块外壳取下进行清灰；随后办理工作票，清理 1 号整流模块内部积灰，回装后直流系统恢复正常；又对其余三个整流模块内部进行积灰清理，如图 8-33 所示。

（二）原因分析

因 1 号整流模块内部积灰严重影响电路板散热（直流室内温度为 21.3 ℃，湿度为 37%，环境参数正常），导致整流模块内部电路板运行异常造成直流系统报故障。

（三）处理措施

（1）直流系统自 2012 年投运以来，只对蓄电池进行测电压、充放电及清灰工作，其余部件未检测过，已协调厂家专业工程师到厂对直流系统整体进行检测，及时处理相关问题。

图 8-33　整流模块内部积灰清理

（2）对直流系统、UPS 系统、变频器等有散热风扇的设备进行全面排查，针对强制通风散热的电路板进行清灰，避免再出现类似问题。

第九章 脱硫热控系统

脱硫系统的设备采用集中控制方式，运行人员在脱硫控制室内通过 DCS 操作员站，辅以少量现场操作，可以实现脱硫系统的启停、运行中的监视控制以及事故工况的处理等。脱硫系统发生故障时，能通过联锁和保护功能，自动切除相关设备和系统，在保证设备安全的同时，最大限度保持机组的正常运行。脱硫系统 DCS 与主机 DCS 之间用于联锁、保护的重要信号一般通过硬接线连接。

第一节 治理改造案例

案例一 供浆自动逻辑优化

精准的石灰石供浆控制是脱硫运行中精细化调整的重要部分，补浆量过高，吸收剂难以充分利用，增加了运行成本；补浆量不足，无法保证脱硫效率。多数火力发电厂烟气脱硫采用的供浆控制 MCS 方案，即模拟量控制系统，其通过前馈和反馈作用，对系统的过程参数进行连续自动调节。目前使用的"吸收塔 pH- 供浆流量"单一自动控制模式，无法实现供浆自动控制。随着脱硫超低排放改造后，出口 SO_2 控制指标调节范围变小，供浆自动跟踪的问题更加突出，难以达到运行精细化调整的要求。因此，实现供浆量自动控制对提高脱硫效率、降低运行成本有着重大意义。

为应对煤种频繁变化导致供浆难以自动控制的问题，山西某电厂对脱硫供浆自动控制逻辑进行了升级改造，用"吸收塔 pH 和出口 SO_2 双控可切换模式"替代原有的"吸收塔 pH- 供浆流量"单一控制模式，实现脱硫出口排放指标的精细化调整以及经济运行。

（一）项目概况

山西某电厂 2×600 MW 机组于 2012 年并网发电，脱硫装置采用石灰石－石膏湿法脱硫工艺，配置单塔双循环脱硫供浆自动控制技术，2016 年完成超低排放改造。超低排放改造后，脱硫系统供浆自动控制采用串级控制模式，以机组负荷和吸收塔入口烟气 SO_2 浓度作为前馈，采用串级 PID 方式调节供浆流量及出口 SO_2 浓度，用超前预控系数、入口硫分变化修正系数以及负荷变化修正系数对 PID 自动调节量进行干预。由于前馈精度不高，克服扰动能力较差，此控制逻辑无法实现供浆自动投入，经常引起吸收塔浆液 pH 过高、$CaCO_3$ 过剩的问题。

由于机组自动负荷控制调节（automatic generation control，AGC）存在负荷变化快、变化频繁的特点，尤其是在深度调峰机组负荷大范围频繁变化的工况下，脱硫供浆流量无法有效地进行自动调节控制，只能采取手动调整吸收塔浆液 pH 的方式，手动控制不仅增加了运行人员的操作量，而且达不到运行精细化调整的要求，容易造成 $CaCO_3$ 过剩，导致石膏脱水效果差、含水率高，还会影响净烟气 SO_2 达标排放和脱硫系统稳定运行。改造前供浆自动逻辑如图 9-1 所示。

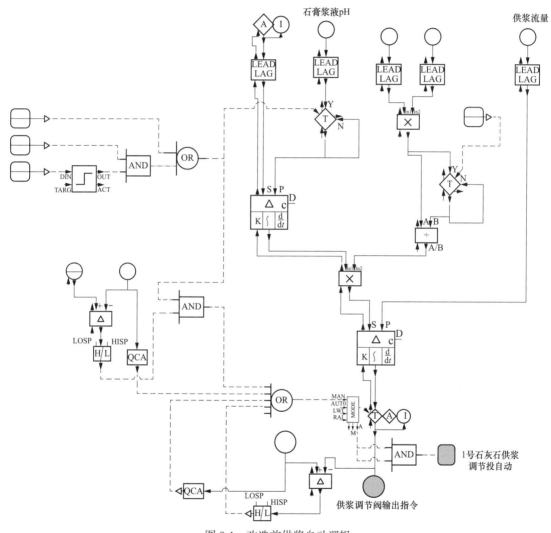

图 9-1　改造前供浆自动逻辑

（二）原因分析

串级控制模式的供浆自动逻辑是根据原烟气二氧化硫浓度、净烟气二氧化硫浓度和原烟气量计算出烟气中二氧化硫总量，再根据二氧化硫总量、石灰石供浆流量、石灰石浆液密度计算出加入到吸收塔内的石灰石总浆液量，然后通过改变吸收塔供浆调节阀的开度实现对石灰石供浆量的调节，使石灰石与二氧化硫的比例控制在设计范围内。由于吸收塔浆液进行化学反应时有死区大、延迟时间长、非线性的特点，使 pH 自动调节系统变得难控制。吸收塔 pH 作为二氧化硫吸收过程的校正值参与调节，当吸收塔浆液 pH 发生偏离时，逻辑会通过主调节器的输出值来修正石灰石与二氧化硫比例的设定值，以纠正二者的偏离率，从而将吸收塔 pH 控制在设定范围内。运行值班人员通过调整 pH 的设定值，实现对净烟气二氧化硫的控制。

pH 是一个比较难控制的变量，主要原因有：脱硫反应过程本身具有强烈的非线性，中和点附近的斜率极大，两端的斜率急剧变小；pH 传感器的动态特性易受外界环境（如温度、压力、电极的清洁度等）变化的影响；在 pH 计的容器和循环管路中，浆液中的脱硫反应依然在发生，反应过程会导致 pH 的测量存在一定的延时，这增加了 pH 控制的难度。

由于 pH 变化过程的高度非线性、时变性、时延性以及各种不确定性，常规 PID 控制难以使 pH 稳定在要求的范围内。实现 pH 的自动控制需要更加先进的控制策略。

（三）改造方案

自动供浆逻辑优先选用净烟气 SO_2 浓度供浆自动控制模式，确保对净烟气 SO_2 的精确控制，吸收塔 pH 供浆自动模式作为辅助控制，其主要作用是控制吸收塔 pH 在标准范围内。自动控制逻辑可根据机组工况合理调整净烟气 SO_2 浓度设定值，当主机负荷平稳时可采取压红线运行的方式，将净烟气 SO_2 浓度设定值设为 $30\ mg/m^3$（标准状态下），可降低石灰石供浆量，同时有利于控制吸收塔浆液碳酸钙含量；当主机处于升负荷或原烟气 SO_2 浓度波动较大时，将净烟气 SO_2 浓度设定值降低，留有足够的余量，以应对主机升负荷或原烟气 SO_2 浓度波动时净烟气 SO_2 浓度的增加量，确保净烟气 SO_2 达标排放。运行值班人员应根据工况合理调整浆液循环泵运行台数，确保合理的液气比，避免吸收塔 pH 长时间超标准范围。

1. 调节回路构成

以出口 SO_2 浓度折算值与设定值为调节对象的调节单元组成调节回路，方案逻辑如图 9-2 所示。

2. 调节回路原理说明

被控对象出口 SO_2 浓度（PV）偏离设定值（SP）时，PID 将偏差 DV（实际值与手动设定值之差：DV=PV-SP）进行 PID 运算后，PID 的输出变化作用于调节阀，使得供浆流量发生变化，从而调节出口 SO_2 浓度值恢复到设定值。

实际运行过程中，当工况发生变化时，比如锅炉升负荷中或是入口烟气硫分升高时，滞后的反应会使得出口 SO_2 浓度实际值与 SO_2 浓度设定值在一段时间内产生偏差较大的情况，此时的供浆流量调节来不及改变出口 SO_2 浓度，使得出口 SO_2 浓度值偏离设定值越来越大。为减少因工况变化对调节品质的影响，在逻辑中增加了前馈调节功能，引入机组负

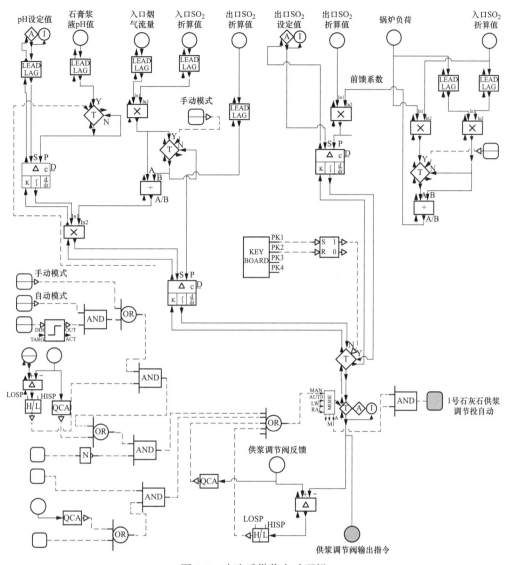

图 9-2　改造后供浆自动逻辑

荷和入口硫分变化的前馈系数 K。当负荷升高或入口硫分升高时，前馈系数会对出口 SO_2 浓度值进行相应比例的放大，放大后的 SO_2 浓度值与设定值进行 PID 运算后会发出加大调节阀开度的指令。理想状态下，因供浆调节阀加大指令而增加的浆液提前参与了反应，当负荷升高或入口硫分升高时，可以有效控制出口 SO_2 浓度最大程度接近设定值。

3. 前馈系数 K 功能说明

负荷变化直接会导致烟气流量与入口 SO_2 浓度的变化，将这个变化率计算作为前馈信号计算工况变化时所需的供浆流量变化量。过往的设计方案中，通过负荷的变化计算供浆流量的变化的运算式引用以下过程参量：标准状态下烟气流量（m^3/h）、标准状态下入口 SO_2 浓度（mg/m^3）、用 $CaCO_3$ 和 SO_2 的摩尔比值、供浆流量中 $CaCO_3$ 的含量、浆液密度值、各个相关参数的测量误差以及回路的系统误差等，而上述一些参量的测量值缺乏足够的稳定性和准确性，计算出的供浆流量准确性差。本方案将负荷与入口 SO_2 浓度值引用到前馈信号的计算中，最大的优点就是计算过程中可以将计算供浆流量与 SO_2 浓度的比值的所有参数全部约掉（分子和分母都有同样的参数）。实际上，仅需要得到新的供浆流量给定值的变化率而非变化量就可以达到前馈调节的目的，避免了上述因测量信号的不准确而影响调节稳定性的问题。

（四）改造效果

2020 年 7 月改造后，相比于原控制逻辑，出口 SO_2 浓度和吸收塔 pH 双控可切换供浆自动模式有以下优势：

（1）自动投入率高。供浆自动投入后能长期跟踪调节，无需进行人为的干预，降低运行人员操作调整工作量，能够保持较高的自动投入率。

（2）适应性强。能够适应主机高硫分、大负荷以及主机负荷升降频繁波动等工况，跟踪调节性能好，响应速度快。

（3）有利于经济运行。主机工况平稳时可采取压红线运行的方式，将净烟气 SO_2 浓度控制在接近排放标准的范围内，从而降低石灰石供浆量，降低吸收塔浆液 $CaCO_3$ 过剩率。

（4）有效避免环保超标，确保供浆自动调节性能稳定，实现了净烟气 SO_2 浓度的精确控制。

（5）吸收塔 pH 作为辅助控制，解决了 pH 超标的问题，既满足了环保达标排放，还有助于脱硫系统安全稳定运行。

投运以来，供浆自动持续投入运行，只有在烟气在线连续检测系统（continuous emission monitoring system，CEMS）标定、供浆调节阀发生卡涩等设备缺陷时退出自动供浆。如图 9-3 所示截取了某一周内自动供浆投入情况，自动供浆累计退出 48 min，退出原因

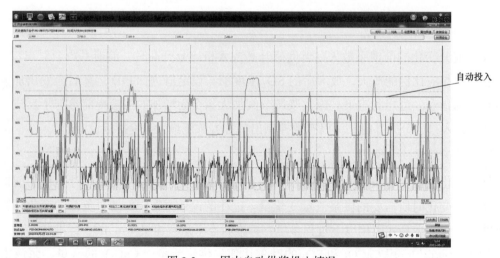

图 9-3　一周内自动供浆投入情况

为第三方定期对 CEMS 出口参数标定，实际投运率达 99.52%。

供浆自动逻辑改造后，供浆自动跟踪稳定，降低了运行操作人员的操作量，有效避免了环保超标，同时避免了 pH 过高和 $CaCO_3$ 过剩等问题，降低了浆液中毒的风险，提高了石膏的品质。

案例二 差压式密度计测量管路改造

燃煤电厂由于受煤种煤质、工艺水添加杀菌剂等因素影响，脱硫浆液起泡严重，差压密度计测量数据与实测数据存在偏差。某电厂对差压密度计的管道、阀门、逻辑等进行了改造，提高了测量准确度，且无需定期标定。

（一）项目概况

某电厂三期 2×600 MW 机组采用石灰石－石膏湿法脱硫工艺，一炉一塔配置，脱硫石灰石浆液箱原有差压式密度计采用挂壁式安装方式，各石灰石浆液箱等箱罐的液体密度使用高、低点位差压计算。由于电厂为降低运营成本使用劣质煤种，工艺水系统需要定期添加杀菌剂，导致脱硫石灰石浆液箱存在浆液起泡的情况，也存在因搅拌器和浆液循环泵引起的动压问题，这两种因素都会直接影响挂壁式密度计测量的准确性；同时该挂壁式密度计用久后也会出现测量管道堵塞、测量数据失准、人工维护量大的问题，不但不能准确反应浆液密度变化，严重影响运行的调节，而且缺陷率较高、维护量较大，亟待进行改造优化。改造前密度曲线如图 9-4 所示。

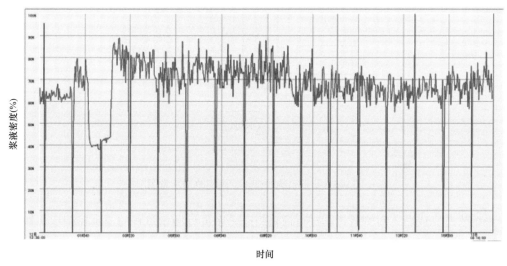

图 9-4 改造前密度曲线图

（二）原因分析

从生产技术、设备情况、现场环境等各环节进行观测分析，造成脱硫石灰石浆液箱密度计测量值与实测值偏差大的主要原因有：

（1）差压式密度计的测量原理是一定高度的液柱产生的压力与该液体的密度成正比。密度计测量值通过压力变送器计算，由压力膜片传感器提供数据，压力膜片需受到介质的充分全面挤压才能显示准确；浆液起泡会导致泡沫滞留在测量管和膜片座之间产生空隙，引起压力膜片传感器测量不准确，导致密度计测量值产生偏差。

（2）各浆液箱由于搅拌器的作用，液面处在非静止状态，吸收塔内浆液还受到浆液循环泵的吸入作用以及浆液喷淋造成的影响，浆液的液位差压存在一定的波动，造成浆液密度测量失真。

（三）改造方案

密度计取样判断逻辑设置是本次改造的关键。本次改造中，差压密度计的测量原理不变，改变密度计的取样方式，将连续取样改变为间歇取样；通过对测量管路的结构进改造，以及对取样阀门的控制逻辑进行重新组态，将连续取样的方式改变为间歇取样的同时，排除泡沫、动压等因素的影响，得到一个个密度值散点，再通过逻辑设置将间歇的密度值复原为完整的测量曲线。由于浆液密度短时间内一般不会有太大变化，因此设置较短的取样时间间隔将不会造成太大的测量偏差。测量系统的管道、阀门改造示意图如图 9-5 所示。

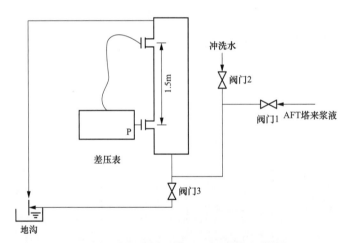

图 9-5 测量系统的管道、阀门改造示意图

系统改造完成后，对测量过程进行逻辑组态。密度计测量过程的逻辑控制步骤如下：

第一步，关闭阀门 3。

第二步，打开阀门 1，延时 15 s（对浆液进行取样）。

第三步，关闭阀门 1，延时 30 s（浆液中气泡自动上浮，排除气泡在有效测量区域的干扰）。

第四步，采集差压表测量数据。

第五步，打开阀门 3，延时 10 s（排放浆液）。

第六步，关闭阀门 3，打开阀门 2，延时 10 s（冲洗密度计）。

第七步，关闭阀门 2，打开阀门 3，延时 20 min（排放冲洗水）。

第八步，返回第一步。

（四）改造效果

原密度计改造为间歇取样密度计后，密度测量不受气泡影响，测量结果更为精确，长期使用精度不降低且维护工作量少，无需定期标定，压力变化曲线如图 9-6 所示。采用间歇式测量，测量元件不接触高速流动的浆液，密度计和管道的磨损减少，降低了维护成本。

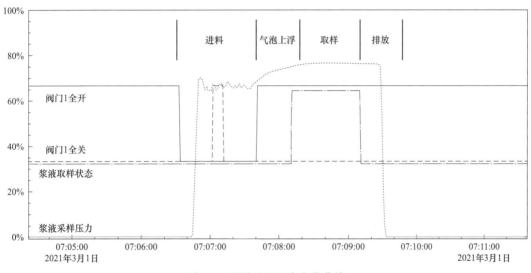

图 9-6　测量过程压力变化曲线

案例三　质量式密度计、pH 计一体测量管路改造

（一）项目概况

某电厂 2×600 MW 机组脱硫系统采用石灰石 - 石膏湿法脱硫工艺，一炉一塔配置，脱硫吸收塔 pH 计、密度计安装在石膏旋流器入口处。设备运行过程中，脱硫吸收塔密度测量值与实际值长期偏差 20 kg/m³ 左右，pH 测量值与实际值长期偏差 0.2 左右。除此之外，pH 计、密度计的测量值还存在跳变、大幅波动等问题，影响供浆量调节以及石膏脱水系统的启停，无法保证脱硫系统稳定高效运行。

1、2 号吸收塔浆液测量系统采用石膏排出泵驱动型，pH 计、密度计安装在石膏旋流器入口处，测量管道与石膏浆液主管道并联；主管道设置节流孔板，在测量管道前后形成差压，差压驱动部分浆液流过测量管道，正常情况石膏排出泵及石膏旋流站长期运行。2 号脱硫二级塔、1 号 AFT 塔浆液测量使用静压驱动方式，浆液靠自重流过测量管道，管道前后端设置了调节阀门，同时设置缓冲罐，以适应密度计、pH 计测量工况。

2017 年，吸收塔密度计和 pH 计测量缺陷达到 20 多条，虽然频繁标定，但长期运行效果仍不理想。吸收塔密度计和pH计的测量准确率低、缺陷率高，共更换电极6个，其中2个是电极破损。这些缺陷消除工作极大地增加了运行维护人员的工作量，也对运行监控操作调整造成较大影响。因此，公司决定采取措施提升表计测量准确率。

（二）原因分析

1. 石膏排出泵驱动型存在的问题

石膏排出泵出口压力0.55 MPa，为确保旋流站运行在额定参数（0.15 MPa，$Q=220 \text{ m}^3$），主管路设置了节流降压孔板。实际运行过程中，石膏旋流站压力0.19 MPa，超过了额定压力；pH计、密度计测量管道的差压0.2 MPa（pH计、密度计安装在石膏旋流器入口处），密度计流量35 m^3/h，超过设计许可流量/流速2.5倍。此工况造成石膏排出泵过流部件、石膏旋流子、节流孔板等磨损严重，每6个月就需要更换1次，更换周期较短；节流孔板磨损超过3 mm/每年，pH计电极每年更换2次，同时密度计寿命大幅减少。

2. 吸收塔静压驱动方式存在的问题

（1）引出测量点位置选定问题：为避免取样浆液中的杂物（大于20 mm的鳞片、胶皮、结晶块）堵塞测量管路，测量取样孔一般与吸收塔塔底沉积层保持一定距离。由于吸收塔浆液pH需要控制在5以下，且吸收塔的运行工况变化较大，塔内会生成硬垢杂质，一定程度上加剧了测量管路的堵塞。技术人员经过分析，决定改变取样位置，将取样口接至搅拌器冲洗水口位置，此处在搅拌器冲洗水的作用下，浆液沉积较少，可以有效避免杂质堵塞测量管路。

（2）测量主管路与仪表管路匹配问题：确定了新增测量点位置后，如果采用与测量孔同等管径的DN80管道，则与密度计DN50的管径不匹配。同时，根据设计规范中的要求，压力自流式的测量管道流速不宜超过1.2 m/s。管径的变化会导致流体介质在管径较小的部位流速较快，造成密度计测量管磨损加速。经过反复的试验，最终确定测量主管路采用DN50，最低流量控制在12 m^3/h，在测量管道末端增加喷射型节流孔板，解决测量主管路与仪表管路匹配问题。

（3）测量系统的调节阀门选型不合理。调节阀门一般选择隔膜阀或衬胶蝶阀，这种类型的阀门对流量的调节线性差，阀门阻力较大。尤其是蝶阀，为了调节测量系统的流量满足密度计的需求，阀门接近全关状态，阀门部位迅速沉积浆液，加剧了测量管道的堵塞；通过红外成像试验可知，当蝶阀关闭角度低于45°，就会逐渐发生阀门堵塞现象。技术人员经过计算和试验，发现沉沙嘴形式的节流孔板可以成功稳定测量管道中的流量，避免浆液沉积，使测量数值长期稳定，采用这种方式测得的密度值与手工取样化验数值之间只相差2%。

（三）改造方案

（1）将吸收塔浆液测量方式由石膏排出泵驱动测量方式改为静压式测量方式，取样口接在搅拌器冲洗水口位置。

（2）更换测量管路，管径与密度计管径保持一致，选择 DN50 口径，管材选用壁厚 5 mm 的硬工程塑料（unplasticized polyvinyl chloride，UPVC），使用塑焊工艺。

（3）取消 pH 计测量缓冲箱，改用 T 接扩张 pH 计安装测口（静压测量方式流程如图 9-7 所示），pH 计测量电极处于浆液相对静止区域，此区域中的浆液对电极的冲刷影响较小，与主流场中的 pH 的偏差较小，避免了缓冲箱因测量流速降低引起的浆液沉积风险。

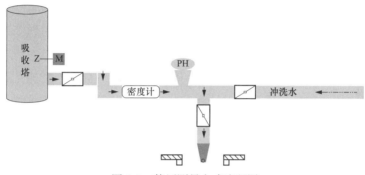

图 9-7　静压测量方式流程图

（4）保留测量管道的前后端阀门，保留冲洗水管道，采取手动冲洗方式。增加扩张性节流孔板，稳定测量管路的浆液流量，通过试验调整将密度计流量保持在 10 m³/h 左右（流速 1.4 m/s）。

（四）改造效果

测量仪表的电极成本约为 4000 元 / 个，且采购周期较长。经过改造后，2018 年共更换 4 个电极，相比 2017 年减少 2 个，节约成本约 8000 元。脱硫吸收塔耗电率一般为 0.8%～1.0%，提升测量仪表的准确率有利于提升吸收塔的效率，预计可以节约厂用电率 0.01%，单台系统石膏排出泵全年运行时间减少约 4380 h，全年节电约 40 万 kWh。改造后，石膏排出泵过流部件、石膏旋流子、节流孔板磨损减缓（每年更换一次），更换周期较之前的测量方式延长近一倍。

案例四　石膏脱水系统逻辑优化

（一）项目概况

某电厂 2×1000 MW 机组脱硫系统采用石灰石－石膏湿法脱硫工艺，一炉一塔配置，公用系统包括石灰石制备系统、石膏脱水系统、脱硫工艺水系统、浆液排放与回收系统以及脱硫废水处理系统等。运行过程中，石膏脱水系统等需要频繁启停，但石膏脱水系统顺序控制逻辑较为简单，仅包括滤布冲洗水泵、真空泵、皮带脱水机等子系统的顺序控制逻辑；子系统之间无逻辑联锁，需要运行人员现场确认后才能执行下一步操作，没有实现整个石膏脱水系统的一键自动启停。经统计，仅 2017 年上半年，石膏脱水系统累积启停次数就达到 360 次。

为减少运行人员的工作量，降低由于频繁操作带来的误操作的风险，公司决定对石膏脱水系统的自动控制逻辑进行优化。

（二）改造方案

对当前的控制逻辑进行梳理，发现石膏脱水系统顺序控制逻辑仅包括滤布冲洗水泵、真空泵、皮带脱水机等子系统的顺序控制逻辑；系统之间无逻辑联锁，需要运行人员现场确认后才能执行下一步操作，没有实现整个石膏脱水系统的一键自动启停；同时，原顺控逻辑在设计时没有对脱水机给料泵子系统、溢流水泵子系统等进行顺控逻辑组态。因此整个石膏脱水系统顺序控制逻辑优化空间较大。

首先，完善原有石膏脱水系统顺控逻辑，增加脱水机给料泵子系统、溢流水泵子系统等顺序控制逻辑步序；然后，设置子系统之间的步序触发条件及间隔时间，使子系统之间的步序可以相互触发；通过现场实际确认，统计出最合理的步序间隔时间，设置为顺序控制逻辑中步序等待时间，最终实现石膏脱水系统的一键自动启停设计。

（三）改造效果

经统计，优化前的石膏脱水系统总启动时间为 15 min，因为每个子系统的顺序控制逻辑执行完成后，都需要运行人员到现场确认后再执行下一个步序。优化后的石膏脱水系统实现了整个石膏脱水系统的一键自动启停设计，启动时间缩短为 5 min，主要是每个子系统之间步序可以自动触发，无需再人为干涉系统启停时间。石膏脱水系统的启动时间从优化前的 15 min 缩短至 5 min，减少了系统启动时设备的空转时间（每年可节省厂用电 30240 kWh，折合电费 10281 元），同时也避免了运行人员的误操作，减小了运行人员的工作量。

案例五　CEMS 系统测量失准改造

（一）项目概况

某电厂 2 台 350 MW 超临界燃煤汽轮发电机组采用湿法脱硫技术，一炉一塔配置。脱硫系统于 2016 年 12 月 31 日投入运行，CEMS 同步投入运行。CEMS 系统主要用来连续监测烟气中烟尘、二氧化硫及氮氧化物的排放浓度及排放总量，该 CEMS 系统采用在线式连续监测方法。系统投运后，经过一段时间的运行，逐渐暴露出以下问题：

（1）由于设备选型不当，CEMS 系统中没有设计烟气取样探头加热装置，运行中探头表面附着了一层 SO_2 和其他杂质的结晶体，很大程度上影响了样气的抽取效率，加大了真空泵的负载。

（2）样气管路为耐腐蚀的聚四氟乙烯管，外套保温加热层，采用分段加热方式，伴热温度 130 ℃可调。运行中发现样气管路的伴热带开路，无法实现正常的伴热功能，导致采样气体中含有大量的水分，严重影响了仪表的分析精度。

（3）该 CEMS 系统样气采用两级过滤处理方式，使用中发现真空泵膜片内积聚了一些粉末状的颗粒，又加装了一级过滤，效果有一定的改善。CEMS 系统使用的过滤器为不锈钢材质，使用 2～3 个月的时间，在 SO_2 的腐蚀下，过滤器严重损坏无法使用，系统的维护工作量较大。

（4）CEMS 系统制冷单元使用的是气体冷凝器，采用 PLC 进行温度控制，使用一年后出现了冷凝器接头和内部管路因腐蚀引起堵塞的现象，导致系统气路不畅，冷凝水无法正常排出，同时出现了温控效果差的现象。

（5）原设计中脱硫净烟气采样探头安装于吸收塔出口处，不符合 HJ/T 75—2017《固定污染源烟气（SO_2、NO_x、颗粒物）排放连续监测技术规范》的规定。将采样探头改至烟囱入口处，发现真空泵无法抽取烟气，分析仪表流量指示为零。

（6）采样气路吹扫由分析仪表柜内的压缩空气提供气源，吹扫范围为整个样气管路。运行过程中发现，当气路吹扫后，系统抽取正常的烟气时，由于管内残存的压缩空气的影响，仪表指示恢复到正常数值的过程需要较长时间，大约为 2 min，而吹扫间隔时间为 10 min，因此气路吹扫直接影响到脱硫效率的正确计算。

（7）运行中发现 PLC 输入模块的通道有损坏现象，分析原因有两种可能：一是检修人员工作时将其他信号误串入 PLC 输入模块；二是强电干扰所致。

（二）改造方案

（1）采用带有加热装置的烟气取样探头，温度控制在 130～150 ℃；更换损坏的样气伴热管路，采样伴热管线加热温度控制在 100～130 ℃。

（2）改造样气的吹扫管路，将压缩空气管路直接引至就地探头处，由就地电磁阀定期切换吹扫，缩短吹扫气路长度；调整取样探头的压缩空气吹扫周期，由原来的 1 次 /10 min 调整为 1 次 /24 h。

（3）对于 CEMS 系统气体冷凝器出现的问题，更换自带温控的冷凝器，效果更好。

（4）针对样气预处理过滤器因腐蚀频繁更换的问题，将原不锈钢材质的过滤器和所有接头更换为聚四氟乙烯的材质。

（5）对于因采样探头移位而出现分析仪表流量为零的问题，经分析认为，原耐腐隔膜真空泵型号为 N85，标称流量 5 L/min，在采样探头处负压较大的情况下，由于其负载能力的限制而出现了问题。针对此问题采取两个措施：一是将真空泵更换为 N89 型号的设备，其标称流量 9 L/min，负载能力更强；二是加长取样管路的长度，由 0.5 m 改为 1.5 m，并将平面端口改为斜切口。

（6）针对运行中 PLC 输入模块的通道损坏现象，一方面对接入通道的电缆进行单端接地排查；另一方面使用无源信号隔离器，防止强电干扰。

（三）改造效果

改造后，CEMS 系统之前存在的问题基本都得到了解决：采样探头堵塞的频率改造前需要每月清理一次，改造后只需要等级检修期间进行检查和例行清理工作；测量参数的周期变化缩短，温控效果有明显提高；分析仪表指示正常，设备使用寿命延长，减少了日常维护量；改造后未再出现 PLC 输入模块的通道损坏现象。

案例六　脱硫 CEMS 系统升级改造

（一）项目概况

某电厂 2×350 MW 超临界机组 2016 年完成超低排放改造，改造后 CEMS 系统无法满足超低排放测量的精度要求，且 CEMS 系统在长期运行过程中存在诸多问题，达不到烟囱入口 SO_2、NO_x 排放连续监测的技术要求。因此，公司决定对 CEMS 系统进行升级改造。改造前 CEMS 系统存在的主要问题有以下几方面：

1. 渗透除湿装置老化

CEMS 系统中渗透除湿采用高分子渗透膜。由于烟气成分复杂，有各种气态污染物和颗粒污染物，虽在前端都有精处理，但并不能保证完全处理干净。此外，高分子膜也会随时间推移而老化和污染，导致除湿效果下降，从而影响系统测量数据的准确性。

2. 净烟气中的水汽对监测数据影响过大

超低排放改造后净烟道中实际温度在 50 ℃左右，烟道内部存在一定量的水汽；SO_2 易溶于水，样气中的 SO_2 溶于水汽后会导致测量误差。CEMS 系统中设有加热装置，样气经过伴热管加热至 120 ℃，可以阻止 SO_2 溶于水汽中；然而，烟气加热过程中，水汽的蒸发使得样气的温湿状态发生变化，对测量数据形成一定的干扰偏差。

3. 量程较大影响测量精度

超低排放标准为烟尘 5 mg/m^3、SO_2 35mg/m^3、NO_x 50 mg/m^3，CEMS 系统非分散红外吸收法分析仪的 SO_2 和 NO_x 量程分别为 0～286 mg/m^3 和 0～308 mg/m^3。为适应新的排放标准，将 SO_2 和 NO_x 的量程修改为 0～100 mg/m^3、0～250 mg/m^3。虽然表计的量程得到了修改，但测量分析装置并未进行更换，所以修改量程对测量精度没有提升。

（二）改造方案

（1）对原有的 CEMS 系统进行升级改造，将 SO_2 浓度、NO_x 浓度和烟气流速等参数的测量装置更换为采用脉冲荧光技术和化学发光法技术的装置，达到超低排放的测量精度要求。在改造升级前，提前向生态环境部门报备；设备升级时对设备进行断电，防止操作异常或触电；在硬件改造结束进行通电前，检查接线是否正确，信号隔离器、变频器安装是否合适，固定是否牢靠等；对于系统参数的设置，由 CEMS 厂家进行确定。

（2）CEMS 系统改造完成后，在新设备数据测量正常后，断开原设备测量数据信号，将新设备数据接入数采仪，查看环保平台上传的数据与现场设备监测数据是否保持一致，同时应在新设备数据接入后的半天时间内，保持旧设备的正常运行。

（3）在完成数据比对工作后，提交本次验收建设项目的环评批复或者生态环境部门要求安装自动监测设备的文件，包括温度、压力、流量一体测量装置的利旧、粉尘仪的环保验收资料，新设备的环保认证、适应性检测合格报告、出厂合格证等。在新设备数据联网无故障运行 168 h 后进行数据比对，进行环保验收。

（三）改造效果

（1）根据国家和地方燃煤电厂超低排放环保政策，新的 CEMS 设备系统凭借高效的 SO_2 和 NO_x 的检测性能，满足了 HJ 75—2017《固定污染源烟气（SO_2、NO_x、颗粒物）排放连续监测技术规范》及 HJ 76—2017《固定污染源烟气（SO_2、NO_x、颗粒物）排放连续监测系统技术要求及检测方法》的规定。

（2）设备改造后，新的 CEMS 设备采用脉冲荧光技术和化学发光法测量 SO_2 浓度、NO_x 浓度和烟气流速等参数，极大提高了测量精度，满足了超低排放标准的测量要求。

案例七　吸收塔 pH 计采样管路优化改造

（一）项目概况

某电厂脱硫系统吸收塔 pH 计采样管采用斜插入塔底部的疏放式管路，pH 计安装在吸收塔高约 2 m 的位置，底部疏放水；pH 计的测量、冲洗分别由入口手动蝶阀、出口手动隔膜阀、冲洗水电动阀进行控制。吸收塔浆液依靠自重进入 pH 计，通过 pH 计后排入地沟，流向吸收塔地坑，最后由地坑泵输送回吸收塔。pH 计原始设计示意图如图 9-8 所示。

pH 计在运行过程中存在问题有：

（1）pH 计冲洗效果差。pH 计冲洗为每 2 h 自动冲洗一次，冲洗时间 60 s。由于出、入口阀门均为手动阀，pH 计冲洗时，电动阀打开，进出口手动阀也在开状态，同时冲洗出、入口管道。冲洗水水源压力约为 0.3 MPa，冲洗时压力降低，出、入口管道均得不到有效冲洗，尤其是出口管道冲洗效果较差，频繁发生堵塞。

（2）频繁堵塞导致 pH 计损坏。由于 pH 计出口管道直径小（DN25），经常发生管道堵塞现象，主要集中在 pH 计出口管道法兰及手动隔膜阀处，每天至少堵塞两次。运行人员每班需要对 pH 计出入口管道分别进行手动冲洗，不但增加了工作量，冲洗

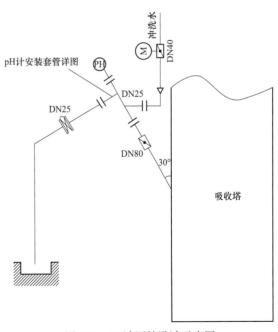

图 9-8　pH 计原始设计示意图

效果也不好，有时必须拆除管道法兰或手动阀进行疏通，影响运行监视调整；同时频繁堵塞也造成 pH 计使用寿命降低，约半年更换一个新 pH 计。

（二）改造方案

（1）pH 计更改为垂直式安装测量。入口管道仍采用 DN80 管道，原手动阀保留，增加水平短节并加装入口电动阀；pH 计的安装利用 DN100 管道短节作为"箱体"，长度为 500 mm，pH 计在箱体顶部安装测量，浆液从箱体底部进入；距离 pH 计电极下方 150 mm 位置为浆液出口管道，出口管道采用 DN50 管道并加装电动阀，出口管道高点位置高于 pH 计位置，这样设计可以使 pH 计运行时电极位置的浆液处于相对静止状态；浆液低进高出，防止 pH 计电极处流速过快造成测量误差；材料全部采用 316 L 不锈钢管道。pH 计出口、入口管道及安装"箱体"如图 9-9 所示。

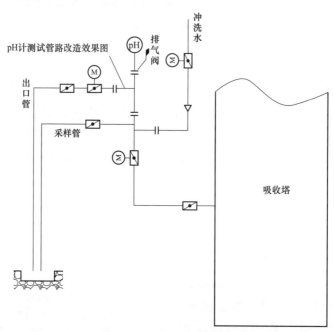

图 9-9　pH 计出口、入口管道及安装"箱体"

（2）pH 计冲洗水管道及电动阀保留，冲洗水接至入口电动阀后，冲洗逻辑更改为每 2 h 自动冲洗一次，打开冲洗水电动阀，关闭 pH 计入口电动阀，冲洗 40 s，关闭出口电动阀，打开入口电动阀，冲洗 20 s（pH 计冲洗水管道如图 9-10 所示）。

（3）pH 计箱体增加底部疏放管道以及取样管道，加装手动阀控制，方便化验人员取样，还可以对箱体进行疏放清理工作（"箱体"底部取样管道如图 9-11 所示）。

（4）pH 计箱体上部加装排气孔，手动球阀控制，定期进行排放，防止管道内存有空气（"箱体"上部加装排气手动阀如图 9-12 所示）。

图 9-10　pH 计冲洗水管道

图 9-11　"箱体"底部取样管道

图 9-12　"箱体"上部加装排气手动阀

（三）改造效果

2014 年 1 月对 2 号吸收塔 pH 计管路进行改造后（改造后 pH 计管路全貌如图 9-13 所示），经过两个月的试验，未发生过堵塞现象；pH 计进出口管道可以分别进行冲洗，冲洗效果良好，pH 测量准确。同年 3 月对 1 号吸收塔 pH 计也进行了同样的改造，运行状态良好。

图 9-13　改造后 pH 计管路全貌

第二节　故障处理案例

热控信号回路一般由四部分组成：传感器、信号传输、信号采集及控制设备。因此，每个热控故障现象及原因分析都可以从以上四部分进行检查排除。传感器故障主要有温度信号故障、压力（差压）信号故障、流量测点故障、振动测点故障、液位测点故障等；信号传输故障主要有就地传感器测量值传输至信号采集卡件的传输介质发生故障，传输介质一般采用带屏蔽的控制电缆或视频电缆；信号采集故障主要有 DCS 系统故障、就地独立 PLC 系统故障；电磁阀故障、执行机构故障分为电动执行机构故障和气动执行机构故障。

案例一　DPU 卡件底座故障导致湿式球磨机浆液再循环泵自启停

（一）故障概况

某南方电厂 2×350 MW 机组采用石灰石－石膏湿法脱硫系统，一炉一塔配置，2016 年 6 月投产。

（1）2020 年 7 月 12 日，5 号湿式球磨机乙浆液再循环泵跳闸，运行人员查阅历史曲线，发现处于热备用状态下的 5 号湿式球磨机乙浆液再循环泵，在未发出启动指令的情况下自启，因触发浆液再循环泵启动后延时 5 s 入口门未开条件，5 号湿式球磨机乙浆液再循环泵保护跳闸。随后，5 号湿式球磨机乙浆液再循环泵再次出现自启动的情况，自启后因同样的原因跳闸。因设备自启动原因不明，运行人员将 5 号湿式球磨机乙浆液再循环泵由热备用状态转为冷备用状态。5 号湿式球磨机乙浆液再循环泵自启曲线如图 9-14 所示。

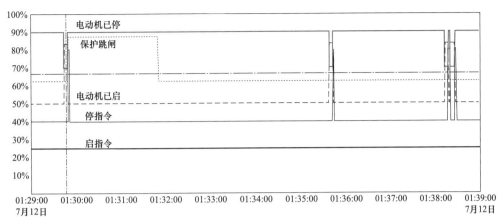

图 9-14　5 号湿式球磨机乙浆液再循环泵自启曲线

（2）5 号湿式球磨机乙浆液再循环泵出口门在未发关指令的情况下自动关闭。运行人员就地检查设备无异常后远方操作打开；随后，出口门再出现自动关闭的情况；运行人员将 5 号湿式球磨机乙浆液再循环泵出口门由热备用状态转为冷备用状态。5 号湿式球磨机乙浆液再循环泵出口门开关曲线如图 9-15 所示。

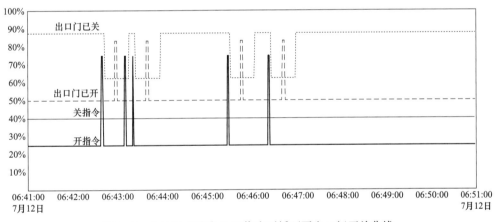

图 9-15　5 号湿式球磨机乙浆液再循环泵出口门开关曲线

（3）5 号湿式球磨机乙浆液再循环泵的冲洗门在未发开指令的情况下自动打开。运行人员就地检查设备无异常后远方操作关闭，随后将冲洗门由热备用状态转为冷备用状态。5 号湿式球磨机乙浆液再循环泵冲洗门自启曲线如图 9-16 所示。

（4）5 号乙供浆泵冲洗门在无任何操作的情况下出现自动开关的情况。5 号乙供浆泵冲洗门自动开关曲线如图 9-17 所示。

（二）原因分析

对相关设备逻辑、指令信号、继电器等进行逐一检查后，均未发现异常，怀疑可能是由卡件或卡件底座引起。因设备指令的异常信号均由 DPU5-B5-DO16 的卡件发出，拆出

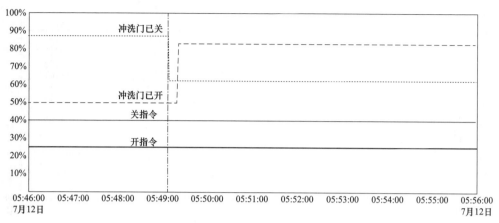

图 9-16　5 号湿式球磨机乙浆液再循环泵冲洗门自开曲线

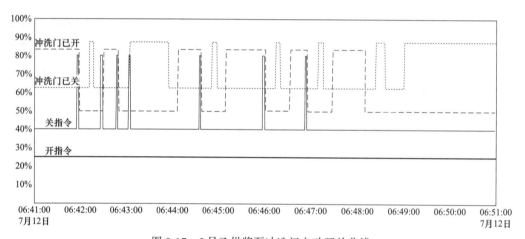

图 9-17　5 号乙供浆泵冲洗门自动开关曲线

图 9-18　卡件底座 RS-16AC 线路板

DPU5-B5-D016 卡件及卡件底座 RS-16AC，检查 D016 卡件未发现异常，但在卡件底座 RS-16AC 线路板上对应发生过自启停设备的通道都有白色结晶物质。卡件底座 RS-16AC 线路板如图 9-18 所示。

卡件线路板在定期检查过程中，只是通过视觉来观察绝缘漆是否有鼓泡、脱落及腐蚀结晶的现象，未对卡件底座接在强电控制回路中的线路绝缘进行监测。进入雨季后，室外的湿度高达 96%，电子间的 1 台除湿机和 3 台空调全都开启除湿模式，但除湿机显示的湿度仍高达 69%，过高的环境湿度影响了卡件底座线路板在强电控制回路中的线路绝缘。因 DPU5-B5 卡件底座 RS-16AC 的线路板绝缘水平降低，线路板中传输动作指令的两根铜线在强电的作用下产生放电导通，造成现场设备自动启动或停止。

（三）处理措施

（1）停机期间检查 DCS 卡件时，将 DO 卡件底座 RS-16AC 的绝缘监测项目列为 DCS 检修作业文件包的标准项目。

（2）对更换下来的 DO 卡件底座 RS-16AC 进行绝缘修复作为备用。

（3）电路板上轻微的结晶可进行清理修复，若电路板上结晶较为严重，应立即更换电路板，以保证 DCS 系统稳定运行。

（4）采购除湿机，保证电子间的湿度在 60% 以下。

（5）进入梅雨季时，加强对电子间的湿度的监控。

案例二　浆液循环泵跳闸信号保护设置错误导致机组停机

（一）故障概况

某电厂 2×330 MW 机组 2013 年投产，采用石灰石－石膏湿法脱硫系统，一炉一塔配置，每台机组设置 5 台浆液循环泵。2012 年 12 月 7 日 16:30:00，机组调试期间，1 号机组负荷为 213 MW；主蒸汽压力为 17.92 MPa；主蒸汽温度为 566 ℃；再热蒸汽温度为 52 ℃；A、C、D 磨煤机运行；总煤量为 91 t/h；A、B 汽动给水泵并列运行，给水流量为 684 t/h；脱硫吸收塔 B、C、D 浆液循环泵运行。16:36:00，DCS 显示"FGD 跳闸"动作，造成锅炉主燃料跳闸主保护动作，汽轮机跳闸，机组解列。

（二）原因分析

检查发现"FGD 跳闸"动作触发条件为"脱硫吸收塔 5 台浆液循环泵全停延时 5 s，或脱硫塔入口烟气温度大于 190 ℃"。"FGD 跳闸"动作后，检查脱硫吸收塔 B、C、D 浆液循环泵运行正常，脱硫吸收塔入口烟气温度为 115 ℃，并未达到保护条件，分析判断为保护误动引起。

检查工程师站"FGD 跳闸"实际逻辑如图 9-19 所示。

FGD 跳闸条件之一为"5 台浆液循环泵全停延时 5 s"，因此工程师将逻辑设置为 5 台浆液循环泵跳闸信号取"非"后相加，最终逻辑值大于 4.5 即判断浆液循环泵全停。浆液循环泵跳闸信号是依据浆液循环泵电动机断路器分闸、合闸状态进行判断，断路器分闸其值为"1"，合闸时其值为"0"，断路器在检

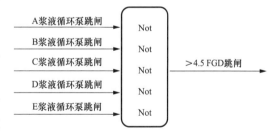

图 9-19　检查工程师站"FGD 跳闸"实际逻辑

修状态因断路器二次插件拔下无信号输出，所以其值亦为"0"。该逻辑存在严重错误，当 5 台浆液循环泵全停时，其跳闸信号取"1"，经过取非后为"0"，5 台相加依然为"0"；相反，当 5 台浆液循环泵同时运行时，其跳闸信号取"0"，经过取非后为"1"，5 台相加达到保护动作条件，会触发保护。因此，逻辑设置与目标效果完全相反。

故障发生前，脱硫塔 B、C、D 3 台浆液循环泵运行，断路器合闸，"泵跳闸"值为"0"，取"非"后逻辑输出为"1"；E 浆液循环泵停运检修，电动机断路器处于检修位，分闸无输出，其值为"0"，取"非"后逻辑输出为"1"。12 月 6 日，A 浆液循环泵无法启动。12 月 7 日，检查 A 浆液循环泵电动机断路器二次回路，在检查完断路器接线后，断路器在试验位置进行远方合闸试验，当 A 浆液循环泵电动机合闸瞬间，断路器跳闸值由"1"变为"0"，取"非"后变为"1"。

5 台浆液循环泵跳闸信号取"非"全部为"1"，相加后达到"FGD 跳闸"保护动作条件，导致锅炉主燃料跳闸动作，汽轮机跳闸，机组解列。

检查保护试验记录资料，在机组调试期间，1 号机组"FGD 跳闸保护"为浆液循环泵运行信号取"非"后相加，为正确逻辑设定。10 月 27 日，"FGD 跳闸保护"修改为浆液循环泵跳闸信号取"非"后相加，检查调试单位工作记录未找到更改逻辑保护的相关记录，DCS 厂家缺少工作日志。

（三）处理措施

（1）修改"FGD 跳闸"触发条件，去掉原逻辑中的"非"功能块。

（2）加强对工程师站权限密码管理，严格工程师站进出管理制度，防止随意修改机组逻辑。

（3）调试单位加强机组调试管理，严格执行机组逻辑保护修改制度，建立完善的记录台账。

案例三　CEMS 参数设置不当导致频繁报警

（一）故障概况

某公司 2×330 MW 机组 CEMS 系统烟气在线监测系统在运行过程中出现故障。2020 年，该厂 1、2 号机组 4 套烟气在线监测系统频繁出现故障报警，全年累计出现 158 次，平均每个月达到 13 次之多。系统发生故障后，分析仪停止运行，运行人员无法监视烟气参数，容易导致烟囱出口烟气 SO_2 浓度超标的环保事故。

（二）原因分析

针对出现的故障，技术人员对 1、2 号炉 CEMS 系统的缺陷及处理情况进行了调查、分析。CEMS 系统由气态污染物（SO_2、NO_x、O_2）监测、烟尘（颗粒物）监测、烟气参数（流速、温度、压力、湿度等）监测、数据采集传输与处理 4 个子系统组成，而 CEMS 系统发生的故障大多数是由于取样管路积灰堵塞造成，引起积灰堵塞的主要原因为：①吹扫管路存在设计缺陷，现场吹扫管进口安装在过滤器前端，吹扫气源经过过滤器后，压力降低，过滤器后取样管至取样点处的淤积得不到完全清理，导致取样管后段积灰堵塞；②参数设置不当，吹扫周期过长，因吹扫周期过长导致采样管路中积灰严重，吹扫不彻底，造成管路堵塞。

（三）处理措施

处理措施包含：在过滤器后方开孔，同时在原吹扫管路上加装三通管，引一路气源至新开的孔处，绕过过滤器吹扫采样探头后段，这样过滤器与探杆可以同时吹扫，减少积灰堵塞；在新增加的吹扫管上加装动断电磁阀，防止正常运行时样气未经过滤进入取样管，污染管路；将原自动吹扫周期由 6 h 修改为 3 h。

通过系统优化，CEMS 系统故障率明显地降低，故障率由原来的 158 次／年降为现在的 12 次／年，月均只有 1 次故障，极大提高了 CEMS 系统的可靠性，避免了环保超标的风险。

案例四　浆液循环泵疏放阀误动作导致浆液循环泵跳闸

（一）故障概况

某电厂 2×300 MW 机组采用石灰石 – 石膏湿法脱硫工艺，2017 年完成超低排放改造，浆液循环泵设置采用"3+2"模式，即 3 台吸收塔浆液循环泵和 2 台 AFT 塔浆液循环泵。2021 年 3 月 1 日，2 号机组负荷 206 MW，入口烟气 SO_2 浓度 943 mg/m³（标准状态下），出口 5.7 mg/m³（标准状态下），2 号 A、2 号 B 吸收塔浆液循环泵和 2 号 AFT 塔 A 浆液循环泵运行。

运行过程中，2 号 B 吸收塔浆液循环泵跳闸。运行人员检查发现 2 号 B 吸收塔浆液循环泵底排门（电动门）由关闭状态自动打开，底排门全开保护联跳浆液循环泵；操作底排门，多次关闭后均自动打开，联系检修人员紧急处理；检修人员将底排门切换至"手动"位置，关闭底排门并断电，保持底排门处于关闭状态；对浆液循环泵入口门及泵体、减速机、电动机温度测点等检查均无异常后，启动 2 号 B 吸收塔浆液循环泵，运行正常。期间运行人员启动 2 号 AFT 塔 B 浆液循环泵，环保指标未超标。

检修人员对底排门的 DCS 输出卡件、输出继电器、电缆及执行器接线盒内接线端子逐项检查，均无异常，怀疑底排电动执行器电路主板故障。更换电路主板更换后，电动门恢复正常。

（二）原因分析

（1）2 号 B 吸收塔浆液循环泵跳闸的主要原因是底排门电动执行器电路主板故障，导致底排门自动打开，联锁跳浆液循环泵。由于设备可靠性管理工作不到位，对底排门的检修维护工作重视程度低，等级检修期间未对重点区域电动执行器电路主板进行更换。

（2）浆液循环泵的保护跳闸逻辑设置不合理。随着环保政策要求的严格，在取消烟气旁路后，为了提高脱硫系统的可靠性，虽然对浆液循环泵等重要设备的逻辑联锁设置进行了规定，明确要求取消底排门与浆液循环泵之间的联锁，而实际未执行此规定，热控联锁保护定值维护管理不到位。

（三）处理措施

（1）在设备停运期间对浆液循环泵底排门电动执行器的主板进行清理检查，更换主板。

（2）优化浆液循环泵保护跳闸逻辑，将吸收塔浆液循环泵底排门联锁跳闸浆液循环泵逻辑改为报警。

（3）加强设备可靠性管理，利用机组停运期对重点设备使用年限较长的执行器进行全面检查，必要时进行更换。

案例五　DCS 控制继电器故障导致磨机跳闸

（一）故障概况

2020 年 4 月 2 日，某电厂运行人员启动 2 号磨机 A 低压油泵，出口油压正常。随后启动高压油泵，启动 2 号磨机慢传电动机，检查各设备运行正常。启动 2 号磨机，运行电流 51 A，A 低压油泵出口油压 248 kPa。2 号磨机运行过程中，A 低压油泵发生跳闸，随后联锁自启，运行人员到现场查看时 2 号磨机 A 低压油泵再次跳闸，随后再次自启。随后 2 号磨机跳闸。

技术人员对 DCS 系统、油站控制柜进行检查，对 2 号磨机 A、B 低压油泵做油压联锁切换试验，均正常，推断可能是 DCS 控制继电器问题。为确保系统制浆量，启动 2 号磨机 B 低压油泵，启动 2 号磨机进行制浆。

（二）原因分析

通过对磨机油站电气控制回路进行排查，发现 DCS 控制 2 号磨机 A 低压油泵启停的继电器由于长时间带电，触点出现抖动，造成 2 号磨机 A 低压油泵自动启动、停止，同时，与磨机高压开关联动的低压油泵运行自保持回路触点未正常闭合，导致低压油泵开关自保持回路失效；检查低压油泵逻辑图，发现系统逻辑设置有漏洞，未设置主油泵跳闸联启备用油泵的逻辑，导致 2 号磨机 A 低压油泵跳闸后，2 号磨机 B 低压油泵未能联锁启动，两油泵运行信号同时消失 2 s，触发了 2 号机跳闸保护，导致 2 号磨机跳闸（如图 9-20 所示）。此故障反映出维护人员对磨机油站电控图纸研究不到位，磨机油站定期试验工作不细致，未及时发现主油泵跳闸不联锁启动备用油泵的缺陷。

（三）处理措施

（1）完善 DCS 系统磨机的跳闸逻辑。两台低压油泵运行信号消失后延时跳闸 2 号磨机，延时值应为油泵停运后油压下降至动作值的时间；低油压保护延时值应躲过主泵跳闸备用泵联启后的油压恢复时间，两个保护为"或"关系。

（2）排查设备在 DCS 系统的控制保护逻辑与设备自带控制保护逻辑是否一致。

（3）更换此次故障的 DCS 柜内控制继电器。

（4）恢复与磨机高压断路器联动的低压油泵运行自保持回路，增加磨机油站两台低压油泵跳闸联锁回路，提高油泵运行的可靠性。

（5）重新编制磨机油站联锁试验记录，定期对油站进行联锁试验。

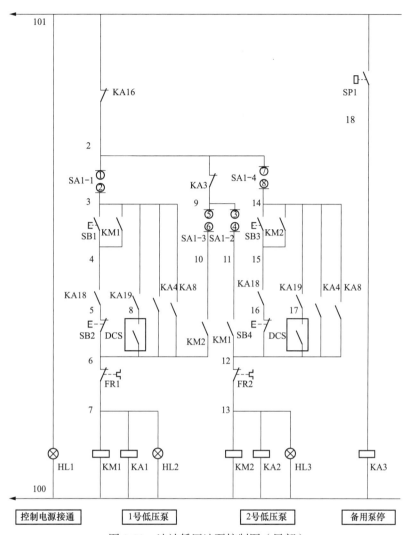

图 9-20　油站低压油泵控制图（局部）

注：1. KA18 为就地位继电器触点 KA19 为远控位继电器触点，远控时 KA19 触点闭合。

2. DCS 继电器触点闭合，油泵运行，触点断开，油泵停止。

3. 磨机运行时 KA8 触点闭合。

4. 主备选择开关：1 号油泵为主、2 号油泵备用时，SA1-2 触点闭合。

5. 油压高于 0.1MPa 时 SP1 闭合，低于 0.1MPa 时 SP1 断开，KA3 接点闭合。

6. KA16 为油位开关，油箱油位达到低限时，KA16 断开。

参 考 文 献

［1］ 卢啸风，饶思泽 . 石灰石湿法烟气脱硫系统设备运行与事故处理 . 北京：中国电力出版社，2009.

［2］ 郭锦涛，李伟，石丽娜，等 . 燃煤电厂废水治理技术常见问题及解决方案 . 北京：中国电力企业联合会，2021.

［3］ 曾庭华，廖永进，徐程宏，等 . 火电厂无旁路湿法烟气脱硫技术 . 北京：中国电力企业联合会，2012.

［4］ 韩金华，张健壮 . 大型电力变压器典型故障案例分析与处理 . 北京：中国电力企业联合会，2012.

［5］ 马龙信，时孝磊，刘笛，等 . 火力发电机组设备故障停运典型案例分析 . 北京：中国电力企业联合会，2020.